给儿童的物理提升书

GEI ERTONG DE WULI TISHENG SHU

[英] 费利西娅 · 劳　格里 · 贝利 著

[英] 迈克 · 菲利普斯 绘

陶尚芸 译

電子工業出版社

Publishing House of Electronics Industry

北京 · BEIJING

认识一下小物理学家们

先介绍一下列奥。他是这个街区最聪明的孩子，也是一个天才物理学家。

右图是一块30000年前旧石器时代的石头。

瞧，这就是列奥。

列奥的全名叫列奥纳多·达·芬奇，他的智商高到“离谱”，他的物理发明总是遥遥领先于他的时代……

再看下图中的猫，它叫帕拉斯。它是列奥的“宝贝儿”。

帕拉斯是一只野猫，它也不介意别人叫它“旧石器时代的猫”；毕竟，它的祖先几百万年前就已经存在了。如今，你已经很少能看到这种猫了——除非你去参观冰天雪地的北极地区的西伯利亚荒原（位于俄罗斯北部）。

最后看看下面这几位……它们也是“物理学家”——呃，只是徒有虚名而已！

CONTENTS
目录

力学篇　各种各样的力

电学篇　神奇的电

光学篇　五颜六色的光

空间物理篇　飞上神秘太空

力学篇

各种各样的力

奔跑吧，伙伴

“驾！驾！”瞧，列奥正在骑牛“奔驰”呢！他边骑边嘟囔着骑术要领：“手抓缰绳！脚踩马镫！”

列奥骑着牦牛，在灌木丛中一条崎岖的小路上前进着。列奥的脚紧压着马镫，马镫帮他把自己固定在马鞍上。如果牦牛突然停下来，马镫就能阻止列奥从那家伙的头顶上飞出去。

“哇！”列奥叫嚷道，“加油，加油，超过帕拉斯。加油，加油！”

列奥催促牦牛加快步伐，他骑得很开心。不一会儿，列奥和牦牛就没了踪影。

帕拉斯长长地舒了一口气。

“够啦！”它笨拙地从剑齿虎的背上下来，嘟囔道，“够啦！”

惯 性

一个运动的物体会持续运动下去，除非有一个力阻止它。一个静止的物体会持续静止下去，除非有一个力改变它。物体的这种保持匀速直线运动状态或静止状态的性质叫作惯性。当行进中的车子突然停下时，乘客会感觉到惯性的存在。惯性让他们保持前进状态，即身体向前倾。而让车子停下的力则是刹车产生的阻力。

火车利用刹车装置产生的摩擦力来减速。

刹车利用摩擦力（一个物体与另一个物体摩擦产生的力）使车子减速。但是，车子的刹车及其产生的摩擦力并不能使车里的乘客减速。所以，刹车的力必须转移（或移动）到别的地方，比如安全带。

马镫与安全带的作用一样。当马突然停下来时，马镫也会阻止骑手从马的头上飞出去。

当马停下时，骑手借助马镫帮助自己停下来。

意大利科学家伽利略·伽利雷利用钢珠在斜面上运动的实验解释了惯性。如果一切接触面都是光滑的，一个钢珠从斜面的某一高度静止滚下，由于只受重力，那么它必定到达另一斜面的同一高度。

过山车利用了惯性原理。

没有毛哪有毛毯

冬天来了，列奥正在为即将到来的寒潮做准备。他打算在洞穴里铺上厚厚的毛毯，好让他和帕拉斯舒适地蜷缩着，互相依偎取暖。

“我需要一些毛，”列奥说，“我们要把毛做成毛毯。”他开始向伙伴们索要毛。

“你身上的毛这么多，”他对长毛猛犸说，“你可以匀一些给我呀。”

可是，猛犸也领教过寒冷的冬天，它要保留自己的每一根毛。

牦牛似乎也不愿意帮忙。它知道寒风有多刺骨，它还知道大雪会积多深。

列奥必须找长毛动物帮忙，因为动物的毛就是庇护他度过冬天的东西啊。

传统的纺织大致分为纺纱和编织两道工序。纺纱是把松散的纤维拧成长纱或长线；编织是把长纱或长线织成布。

最初的纺纱工具是纺锤，纺纱工人用手在腿上搓捻纺锤杆，使其转动。

大约公元前500年，印度人首次使用一个轮子来转动纺锤。纺锤由一根皮带（或传动带）连接到一个大轮子上。这是第一台使用机械化纺锤的纺纱机。

旋转力

轮轴是使工作变轻松的简单机械之一。它由一个圆形的轮子和一个穿过轮子中心的轴组成。轮子和轴一起绕着一条贯穿于轮子中心的假想线旋转，这条假想线叫作轴线。

如今，大多数纤维制品都是在工厂里纺成的，但在一些地方仍能见到手纺车的影子。

当两个轮子分别连接在一根轴的两端时，就组成了一种会滚动的装置，可用于货车等各种交通工具。而一个轮子配一根轴也可以发挥作用。一个轮子可以通过轴来加大旋转力，门把手的工作原理就是这样的。

两个轮子连在一根轴上。

轮轴装置也用来从井里提水。一根绳子的一端缠绕在一个轴上，另一端拴一只桶。摇动轴上的把手就可以使装置转动，让桶上升或下降。

人们使用轮轴装置可以轻而易举地从深井中提起一只装满水的重水桶。

制作棉手绳

请准备好下列物品：

- 棉絮
- 颜料
- 记号笔
- 锡纸

1 取一团棉絮，轻轻地扯一小团下来。

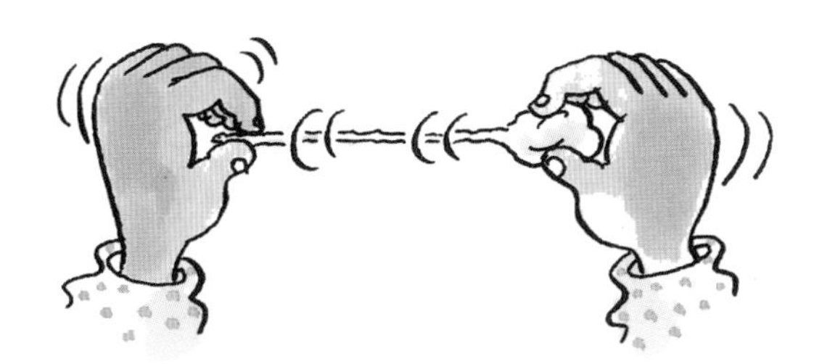

2 一边扯一边捻动这一小团棉絮，直到把它拧成一根细绳。

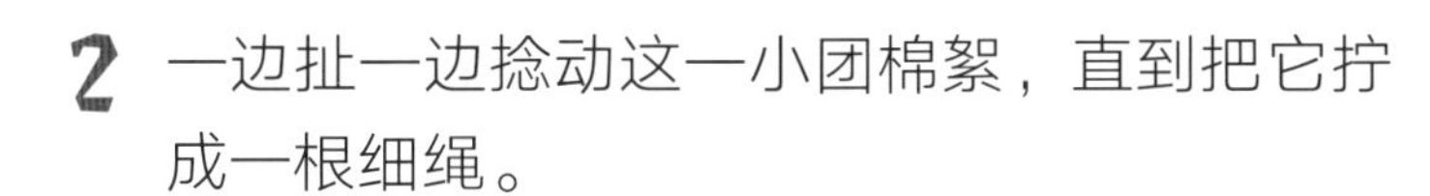

3 再取一小团棉絮，照上面的步骤拧成细绳，并与之前的细绳连接起来。重复这一步骤，直到细绳总长度约为30厘米。拧几根这样的细绳。

4 用颜料或记号笔给这些细绳上色，然后将细绳晾干。

5 将两三根彩绳编在一起，用锡纸缠绕装饰一番。一条漂亮的手绳就做成啦！

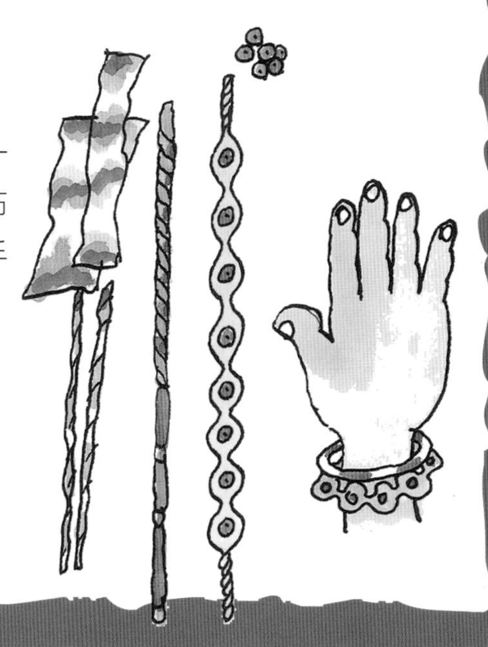

水往低处流

“真让人伤脑筋！”列奥叹息道，“水总是往下坡流。”

帕拉斯很乐意喝地上水坑里的水，它才不觉得这事儿是个问题呢。

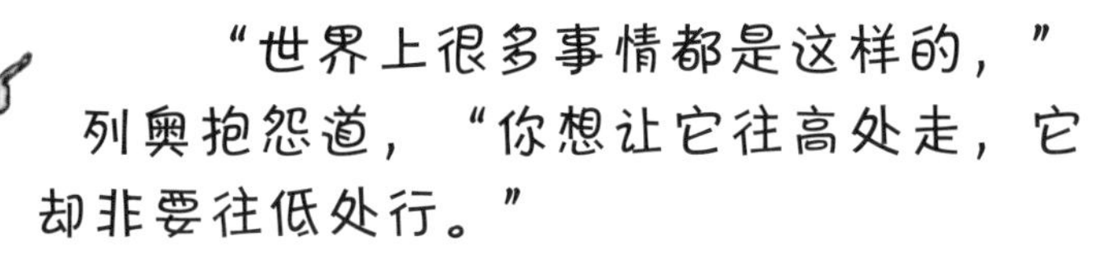

“世界上很多事情都是这样的，”列奥抱怨道，“你想让它往高处走，它却非要往低处行。”

帕拉斯想知道为什么列奥想让小溪往上坡流。

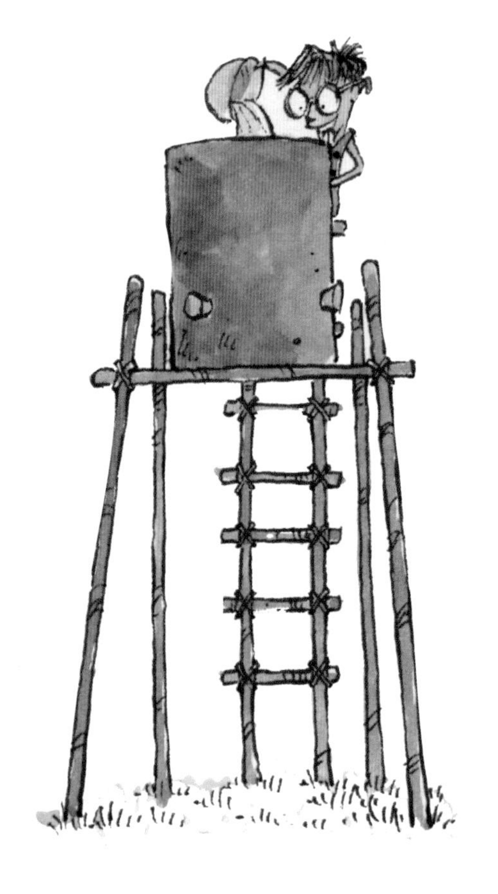

列奥说，他需要浴室里的水箱不断地流出水来，好方便他洗澡。他早就厌烦了用水桶提水。

他得想个更好的办法把水弄出来。

水总是往下坡流。它会尽可能地流到最低处，聚集在低洼的地方形成河流、湖泊和海洋。

虹吸管是一种倒置的U形管，两端各连接着一个容器，一端高，一端低。重力把液体向下拉到低的那端的容器里。同时，大气压力推动高的那端容器里的液体沿着吸管向上升。所以，重力和大气气压共同作用，使水流从虹吸管的一端流到另一端。

重力

由于地球的吸引而使物体受到的力，叫作重力。重力的施力物体是地球，受力物体是地球上或地表附近的物体。地球重力（也就是部分引力）的作用使物体产生重量。

遥远的外太空中没有作用于物体的这种引力，所以物体没有重量。

在外太空中，航天员能飘起来。

重力使物体从高处落回地面或使物体有下落的趋势。如果你把一只球放在斜坡上，重力会把它拉下来，使它滚下斜坡。如果你向空中扔一只球，重力会把它拉回地面。当你使劲向上跳时，重力也会把你拉下来。

当你把球抛向空中时，地球引力会让它又落下来。

冲厕所的时候，重力会把水从水箱里拉下来并带走。重力也会把水箱里的悬浮球拉下来，从而堵住出水孔，这样干净的水会再次灌满水箱而不会一直流走。

马桶储水箱利用重力的作用来实现重新补水。

制作虹吸管

请准备好下列物品：

- 玻璃杯
- 书
- 塑料管

1 取一只玻璃杯，往里面注满水，把杯子放在书堆上。

2 再取一只玻璃杯，放在书堆旁边的桌子上。

3 将塑料管注满水，捏紧管子两端，以免水流出来（如果你觉得很难捏紧管子两端的口，可以用夹子夹住）。

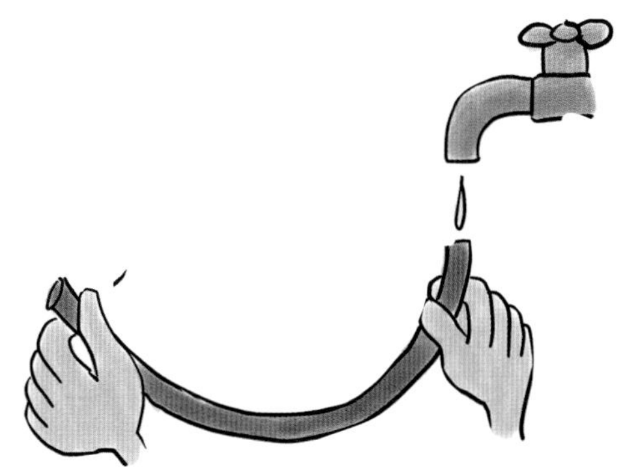

4 将管子的一端插入装满水的玻璃杯中，放开这一端，但要保证这一端不出水。

5 使管子弯曲，把管子的另一端放进空玻璃杯里。然后放手，观察水流。

课堂睡觉一族

列奥把大小伙伴们都叫来了。

“如果你们理解了牛顿第三定律，大家会过得更好，”列奥一本正经地看了看帕拉斯和剑齿虎，说，“猫类一定要弄懂这个定律，其他人了解一下，也不是坏事。”

于是，大家安静下来听课。不过，这堂课并不是十分有趣。事实上，它们很快就睡着了。

洞熊斜靠在剑齿虎身上，开始打呼噜。剑齿虎靠在牦牛身上，也闭上了眼睛。牦牛靠在长毛猛犸身上，长毛猛犸靠在了帕拉斯身上。

帕拉斯惊叫一声醒过来，用爪子猛抓长毛猛犸——长毛猛犸换了个睡姿，身子倒向另一边，一瞬间，大家也依次倒向另一边，继续睡了过去。

作用力和反作用力

伟大的科学家艾萨克·牛顿研究的对象是物体的运动（或移动）。他研究发现了很多运动定律，他说所有形式的运动都遵循这些定律。他的第三运动定律指出，每一个作用力都有一个大小相等、方向相反的反作用力。

这种流行的玩具展示了球互相撞击时力的作用。

这一定律解释了为什么火箭会上升，为什么鱼雷能加速冲向目标。早期的鱼雷使用一种容器贮存压缩空气，或者把空气压缩到一个比它通常所占据的要小得多的空间里。压力是鱼雷前进的动力。

挤压空气的反作用力推动了鱼雷前进。

如果在容器的一端开一个孔，压缩空气就会涌出来。压力将空气从小孔中推出，这就是作用力。在这一过程中，作用力产生了一个大小相等、方向相反的反作用力，这个反作用力可以推动鱼雷前进。

压缩空气也用来使水或颜料通过喷嘴喷出。

咔嚓、咔嚓，火车出发啦

“各位乘客请上车！”列奥大喊，“2号站台的火车马上就要启动了！”

乘客们都坐好了。乘务员帕拉斯挥动着旗子，司机列奥在用铲子往炉子里添煤。一款强大的蒸汽火车诞生啦！列奥松开刹车——火车开始行驶！

蒸汽机是在18世纪发展起来的。蒸汽火车是由蒸汽驱动的交通工具。

蒸汽的压力推动火车头侧面汽缸内的一个活塞。活塞在汽缸内前后运动，它由一根连杆或曲轴和一个称为凸轮的椭圆板连接在大型驱动轮上。当曲轴前后移动时，曲轴推动凸轮转动，凸轮带动轮子转动。

压力

蒸汽机是一种利用热能工作的机器。它包含一个锅炉。加热锅炉里面的水，水温达到沸点就会产生蒸汽。

发动机锅炉里加热产生的蒸汽用来驱动火车。

蒸汽产生的压力使汽缸中的活塞运动，把活塞往下推。活塞的运动带动曲轴和轮子运动。

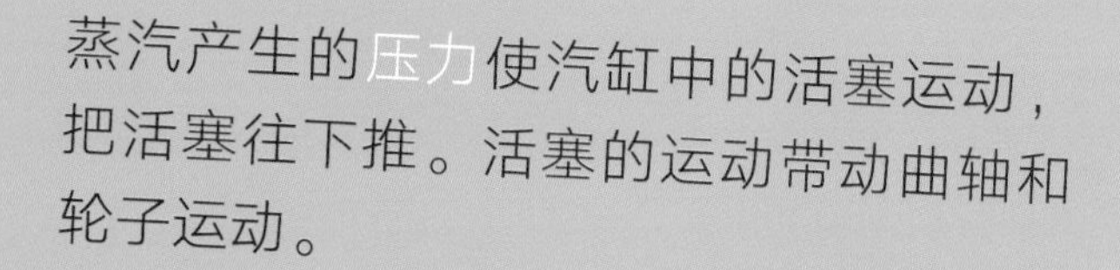

活塞由一根杆子连到轮子上。

18世纪60年代，苏格兰人詹姆斯·瓦特设计了世界上第一台真正高效的蒸汽机。最早的蒸汽机用于从矿井里抽水。蒸汽机也用来推动蒸汽锤，蒸汽锤作用于活塞，然后活塞将一块沉重的金属向下推到一个平砧上，这样就可以锻造钢铁了。

由蒸汽机驱动的蒸汽锤。

物理学家专用术语 ◦◦◦◦ 热能 ◦◦◦◦ 蒸汽 ◦◦◦◦

制作活塞驱动的船

请准备好下列物品：

- 纸板
- 厚卡片
- 硬纸筒
- 木钉
- 管子
- 木棍
- 铁丝
- 橡皮筋
- 小船模型
- 手工白胶
- 剪刀

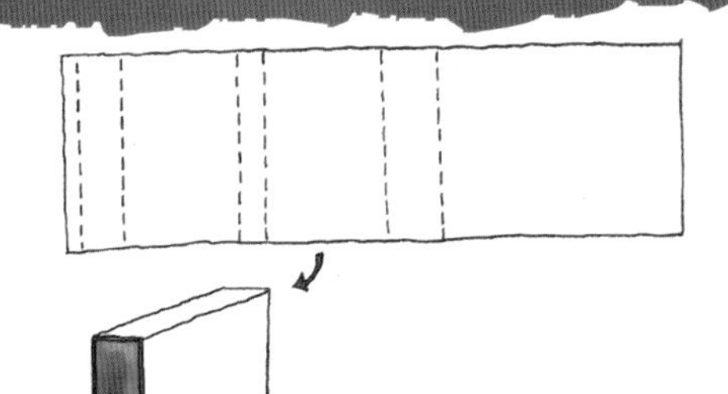

1 如图，用纸板折出围墙和一个底座。用胶水把围墙固定在底座上。

2 从卡片上剪下一个厚圆盘，把它粘在长纸筒的一端。将一根木钉粘在圆盘的边缘处。在围墙的一端开一个洞，把纸筒穿过去。将一截木棍穿过纸筒的另一端。

5 在木棍的顶端固定一艘蒸汽船模型，再把小船周围装饰成海景。

如何操作：

转动围墙后面的把手，看着船儿乘风破浪吧！

3 如图，将一根木钉穿过墙的另一端，与已经穿过墙的纸筒中心的高度相同。用铁丝在木钉上挂一个小纸筒。将一截长木棍穿过纸筒，用铁丝把长木棍的一端固定在圆盘上。

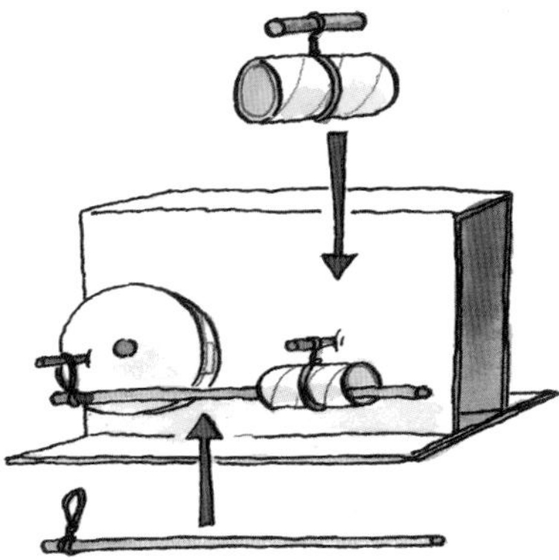

4 用铁丝把一截小木棍固定在上一根长木棍上。将两个木钉穿过围墙的上部。用橡皮筋把小木棍垂直固定在两根木钉之间。

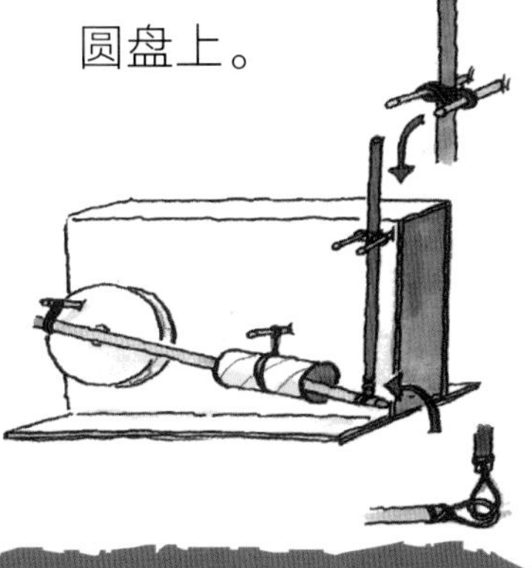

理查德·特里维希克

一位伟大的发明家！

理查德·特里维希克小时候在英国的一个小村庄上学，他的老师这样形容他："不听话，迟钝，固执。"但这个男孩在工程方面却有着特殊的天赋。

19岁时，他成为几家矿业公司的工程师。他发明了一款高压蒸汽机。

他的发明催生了蒸汽机车。他于1804年制造了第一辆蒸汽机车，并给它取名"谁能追上我"。他首先做了一个简易模型，然后做了一个和实物大小相同的版本。1808年，他在伦敦展示了他制造的其中一款实物机车。

后来，他去了秘鲁，在那里的银矿里使用了自己的蒸汽机。当他回到英国的时候，其他的工程师已经接受了他的创意并进行了改良，比如乔治·斯蒂芬孙。此外，特里维希克还帮助建造了很多供大众使用的早期铁路。

物理学家专用术语 °°°° 高压 °°°° 蒸汽机车 °°°°

特里维希克的高压蒸汽机是他最伟大的发明。这项发明推动了蒸汽机车和铁路系统的发展。在此之前，英国工程师詹姆斯·瓦特已研制出了蒸汽机，但它又大又重，效率不是很高。

特里维希克发明了第一台高压蒸汽机。

必须做点什么了，特里维希克终于有了答案。他认为，高压蒸汽并不像别人认为的那样危险。最终，事实证明，别人的判断确实是错误的，特里维希克的坚持成功了。他发明的蒸汽机体积更小、效率更高，矿工的操作成本也更低。没过多久，英国各地的矿井对起重工和矿石的需求量都增大了。

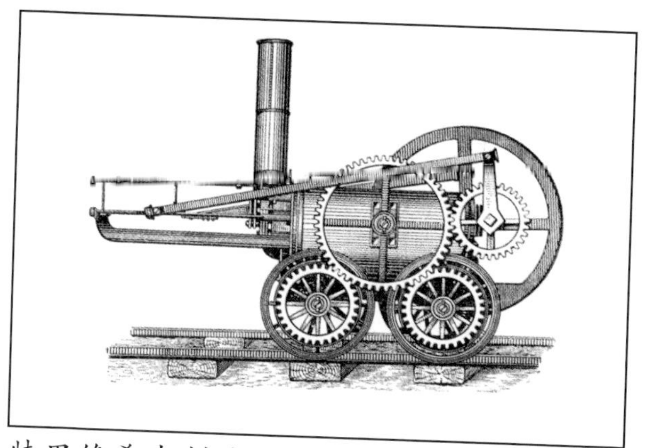

特里维希克制造了30台高压蒸汽机，命名为“废话连篇”，因为它们向空中喷出蒸汽时会发出噪声。

理查德·特里维希克发明的高压蒸汽机带来了蒸汽能的推广，这是瓦特的原始蒸汽机所无法实现的。特里维希克不仅想把这个蒸汽机用作固定动力，还想把它当作一个动力装置，用来驱动像手推车和马车之类的东西。

在那个年代，特里维希克的蒸汽运输车就像个巨型怪物。

投球是门技术活儿

列奥正在练习投球技术。

“你瞧瞧，”他告诉帕拉斯，“当我想把球抛向空中时，我的手臂就像一个发射器。我的手臂越强壮，力量就越大，我就能投得越远。”

帕拉斯点点头。到目前为止，它已经明白了列奥的意思。可是，接下来的话，它就不一定明白了。

“问题是，不管我的手臂有多强壮，球最终都会减速，地心引力会把它拉回地面。”

“我希望球能在空中停留更久，飞得更远。我的意思是很远很远！”

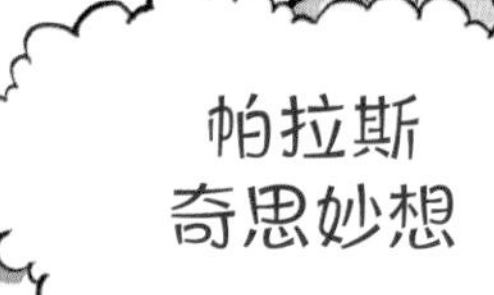

帕拉斯奇思妙想

- 也许列奥应该投掷其他的东西。
- 他可以换个玩球的方式，比如让球一圈又一圈地旋转，就像一段拧紧的橡皮筋。
- 他可以建造一个巨大的弹射器。

投石机是一种弹射器，也是中世纪强大的战争武器，用来向敌人的堡垒投掷巨石。

它是由希腊和罗马的弹射器发展而来的。

弹射器，如投石机，都基于杠杆原理，但也有的使用一种称为扭矩的扭转力来发力。投石机可以将重达135千克的巨石投掷到500米外。

投石机开发于13世纪，在攻打城堡时尤其有效。它可以把大石头扔过城堡的墙，或者扔向站在城堡上的弓箭手。投石机扔出的石头的时速超过160千米，可以迅速穿透城堡的厚墙。

“瞧啊！”列奥说，“你们觉得怎么样？这是我的最新发明，一台巨大的投掷机器。”

扭转力

扭矩是扭转一根轴或杆子所需要的力量。简单地说，它就是扭转力。汽车利用发动机的扭矩（扭转力）来转动车轮。汽车开得越快，需要的扭矩就越小。

在弹弓的皮筋上装上弹丸，拉动皮筋就能投掷弹丸。

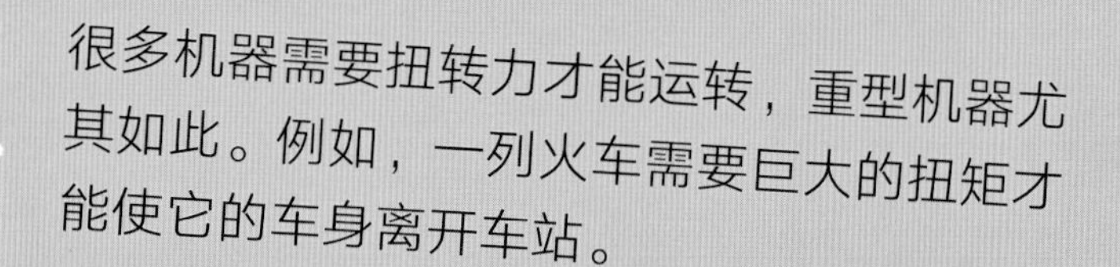

很多机器需要扭转力才能运转，重型机器尤其如此。例如，一列火车需要巨大的扭矩才能使它的车身离开车站。

这个玩具上有一把钥匙，用钥匙上紧发条，玩具就可以转动起来。

一些弹射器也使用扭转力作为动力。先将一根绳子缠绕在一根杆子上，再将杆子固定在弹射器的杠杆（臂）的底部。然后转动杆子，绳子就会拧紧，弹射器的臂就会压低。

这个弹射器使用扭转力作为动力。

制作弹射器

请准备好下列物品：

- 木板条
- 钉子
- 锤子
- 木块
- 衣夹
- 橡皮筋（准备粗、细两种）
- 纸壳
- 积木
- 硬纸筒
- 铁丝
- 长木棍
- 塑料瓶
- 短木棍
- 细绳
- 纸杯
- 胶水

1 这个实验要在大人的帮助下完成。将一颗钉子钉进木板条的一端，然后把钉子弄弯。将一个木块钉在木板条的另一端，然后用橡皮筋把一个衣夹固定在木块旁边。

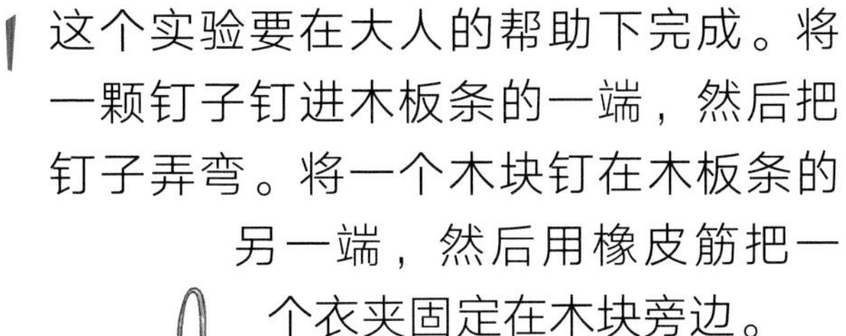

2 用纸壳围住3块积木，并用胶水把木块和纸壳粘牢。把硬纸筒沿纵向从中间剪开，把其中一半搭在积木上，形成屋顶。在屋顶上装一个铁丝圈，用来固定发射臂。

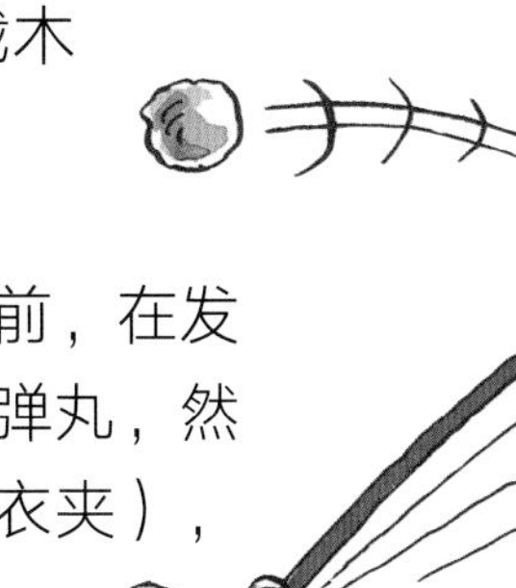

3 取一根长木棍作为发射臂，在其中一端绕上一根粗橡皮筋。把塑料瓶的底部剪下来，然后固定在发射臂的另一端，做成发射杯。用细绳把一小截木棍系在发射臂靠近发射杯的一端。

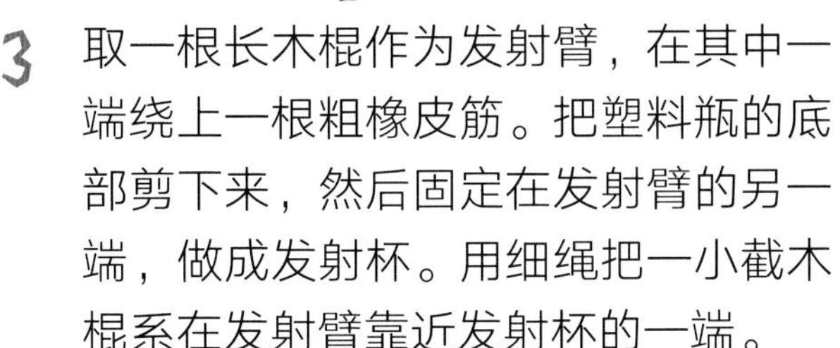

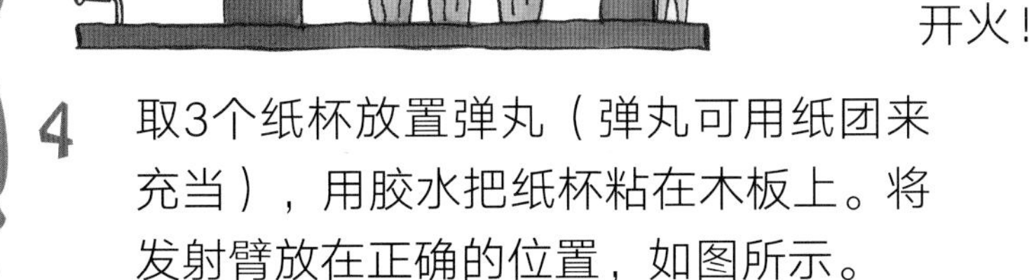

4 取3个纸杯放置弹丸（弹丸可用纸团来充当），用胶水把纸杯粘在木板上。将发射臂放在正确的位置，如图所示。

5 使用弹射器之前，在发射杯中放一颗弹丸，然后按下开关（衣夹），开火！

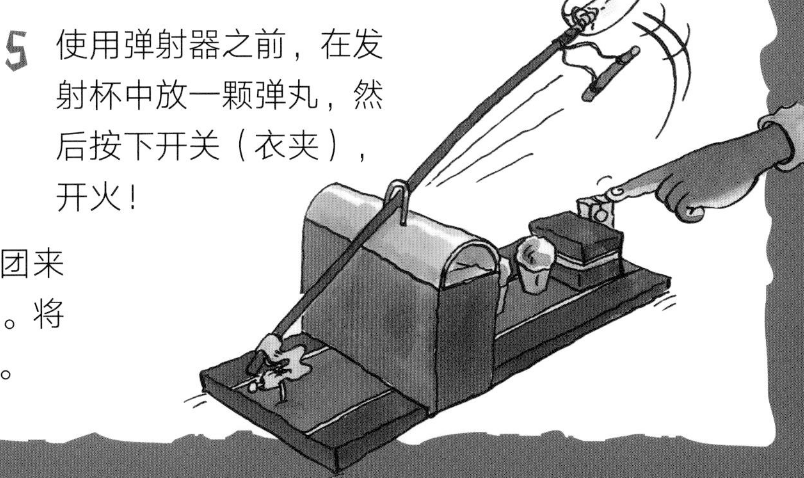

飞离地球的梦想

“向上，再向上，”列奥告诉帕拉斯，“我想飞上天空，我想去看星星。”问题是，你需要非常多的能量才能离开地球。“想象一下，”列奥继续唠叨道，“如果你每跳一下都会升高一点儿，那该多好啊！”

帕拉斯根本无法想象。它才不愿意费劲地跳跃呢。即便跳了，也总是会落回地面的。

不过，列奥却在绞尽脑汁地思考。

“我们需要一个东西把我们送上太空，”他说，“一旦抵达太空，我们就可以随心所欲地蹦跳了。”

“那我们怎么回家呢？”帕拉斯问道。

“哦，帕拉斯，”列奥说，“你真是旧石器时代的猫！你该想想太空时代的新鲜事儿啦！”

列奥决定建造一个强大的发射装置，能载着他们飞速离开地面，冲向太空。

火箭是一种燃气推进装置。一些化学物质，比如液态氢等，它们与液态氧混合后会产生爆炸性气体。这种反应通过向下排出废气而产生一股强大的力量。同时，这股力量还会产生一个大小相等、方向相反的力，也就是推动火箭向上或向前的反作用力。

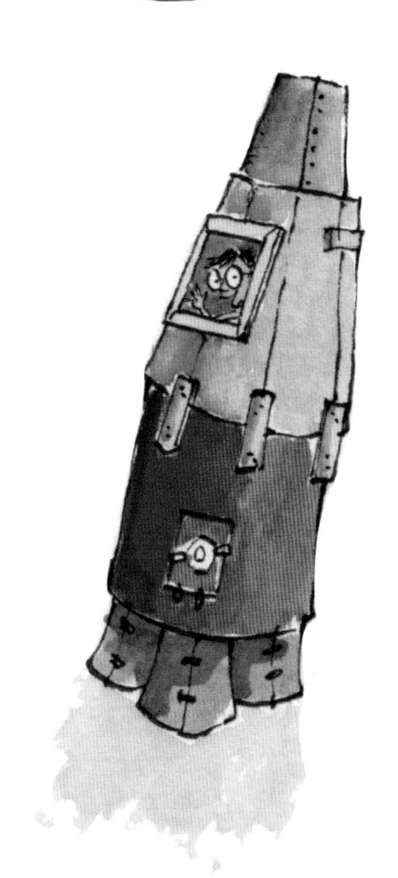

最早的火箭是中国人在大约1000年前发明的。19世纪，英国陆军上校威廉·康格里夫设计出了可以携带炸药的火箭。这些军用火箭使用固体燃料，最高飞行高度可达2.4千米。1926年，罗伯特·戈达德成功发射了一枚液体燃料火箭。

科学家艾萨克·牛顿著名的第三运动定律解释了为什么燃料燃烧时火箭是向上推进的。他指出，每一个作用力都有一个大小相等、方向相反的反作用力。所以，向上推进的作用力一定等于向下排放气体产生的反作用力。

推 力

火箭发动机通过燃烧燃料并排出高温高压气体来工作。火箭装有泵和其他控制燃料燃烧的装置。火箭发动机是有史以来最强大的发动机。

强大的火箭发动机。

现代火箭装有燃料箱，存放如液态氢和液态氧等燃料。燃料在燃烧室内混合燃烧，产生巨大的压力和热量。燃烧产生的废气通过喷嘴喷向地面。当这些气体向下喷出时，火箭就被推上了天空。

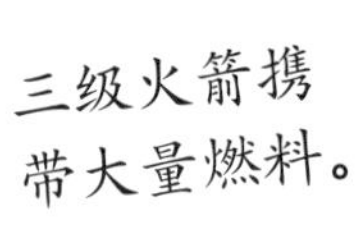

三级火箭携带大量燃料。

火箭发射也遵循牛顿第三运动定律。从火箭尾部排出的气体的力就是作用力，向上推动火箭的力就是反作用力（推力）。

从火箭尾部喷出的气体产生一种叫作推力的反作用力，把火箭推上天空。

物理学家专用术语 °°°° 燃料 °°°° 液态氢 °°°° 液态氧 °°°°

制作气球火箭

请准备好下列物品：

- 泡沫板
- 可弯曲的白色卡片
- 双面胶带
- 厚卡片
- 订书机或强力胶
- 两只气球
- 塑料管
- 黑色记号笔
- 黑色和白色颜料
- 画刷
- 细绳

1 用泡沫板剪出一个火箭形状。用可弯曲的白色卡片和双面胶带制作火箭的机身和机翼顶部。

2 用厚卡片制作两个直角，用订书机或胶水把它们固定在火箭的尾部。在每个上面戳一个孔，如图所示。

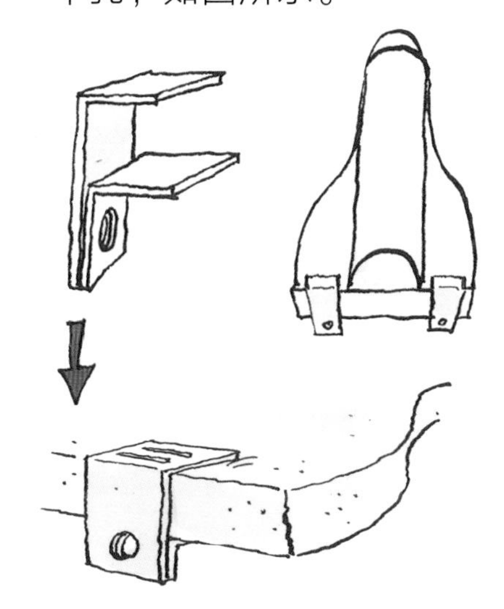

3 在每个孔中插入一个气球，并用塑料管固定其嘴部。

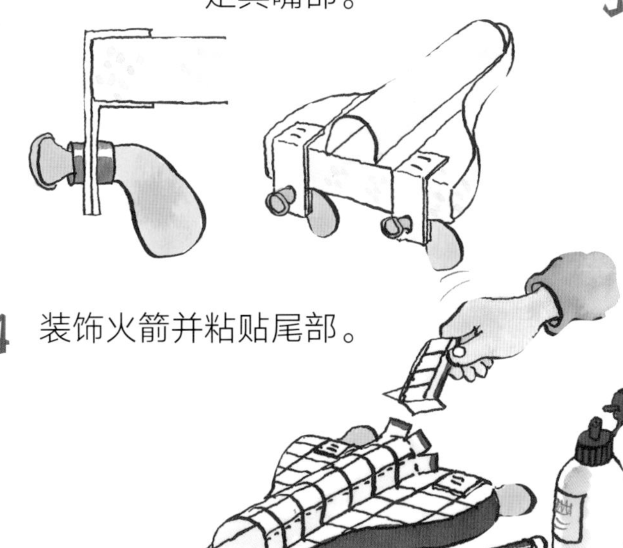

4 装饰火箭并粘贴尾部。

5 如何发射火箭：
在房间里拉一根细绳，将细绳穿过火箭的中空部分。将绳子的两端分别固定在墙上，一端高，一端低。给两只气球（充当发动机）充气。然后，快速松开捏住气球嘴的手——让火箭起飞！

术语表

纺锤
纺纱机的一部分。当纺锤转动时，就会把松散的纤维纺成长纱或长线。

杠杆
在力的作用下可以绕某一质点运动的棒或杆。压在一端的力会提升另一端的负载。

惯性
物体保持静止状态或匀速直线运动状态的特性。物体的质量越大，惯性就越大。

机车
俗称火车头，在铁轨上用来拉动火车的强大工具。它可以由蒸汽、柴油或电力驱动。

力
推力或拉力等。力使物体移动或改变形状。方向相反的力可以相互抵消。

轮轴
用来提升重物的简单机械。轮轴机械装置用于滑轮、水井和汽车等。

马镫
挂在马鞍上的脚踏装置。当马突然停下或转弯时，马镫可以帮助骑手更好地抓住马鞍并将身体保持在原位置。

摩擦
一个运动物体与另一个运动物体互相摩擦的动作。摩擦使运动的物体减速并产生热能。

扭矩
描述扭转物体围绕某一轴转动所需要的力量的多少。

投石机
一种弹射器，中世纪强大的战争武器。

重力
由于地球的吸引而使物体受到的力。

推力
基本力的一种。火箭的推力是由快速膨胀的气体产生的反作用力。

轴
穿过轮子中心的杆子，使轮子能绕着它旋转或跟着它一起旋转。

氧化（燃烧）
当一种物质与氧气结合并被加热时，它就是在氧化或燃烧。

鱼雷
用来击沉敌舰的武器。它由一枚爆炸性弹头、一台发动机和一个“尾巴”组成。“尾巴”上有方向舵和螺旋桨。

质量
物体所含物质的多少，以千克为单位。一切物体都有质量并占据空间。

重力旋转

1 把球放在桌子上。把罐子放在球的上面，让罐子罩住球。

2 旋转罐子，让罐子做圆周运动，记得罐子不要离开桌面。

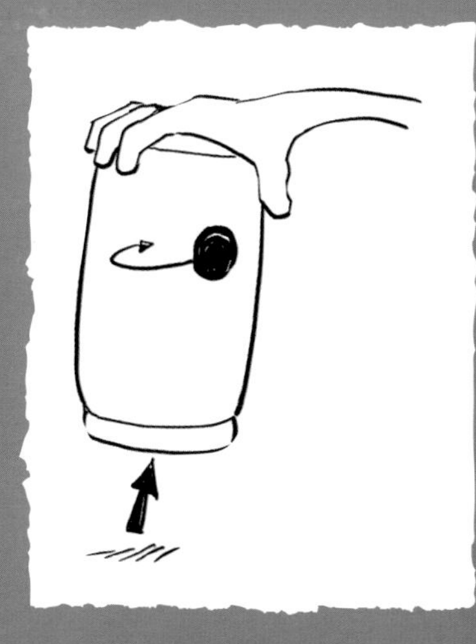

3 一旦球开始在罐子里旋转起来，球就会离开桌面。

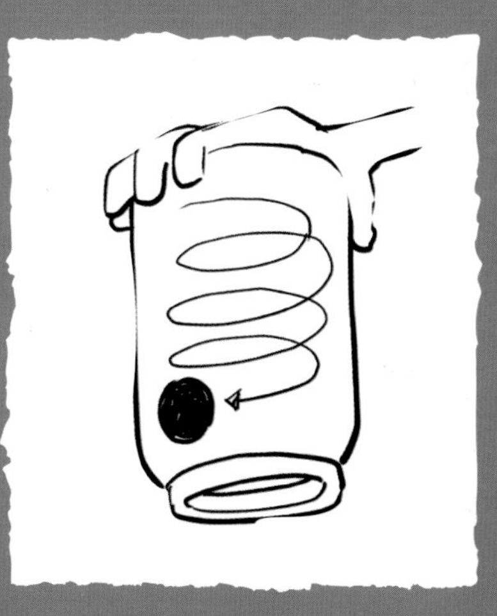

4 球离开桌面后将继续在罐子里旋转，直到它失去速度。

电学篇

神奇的电

哇，电

“哇！”当一道巨大的闪电从天空划过时，列奥大喊道。“哇！”突然间，一道闪电的光照亮了山洞，列奥又忍不住惊叫起来。

接着，天空刮起了狂风，下起了暴雨。哗啦！噼啪！最终，暴风雨过去了。

“真是太棒啦！”列奥说，“如果我们一直拥有这种能量，就可以用它来照明了。天冷的时候，我们还可以用它来取暖。我们甚至可以用它的力量来驱动交通工具或水车。”

帕拉斯却认为，这玩意儿全程吵闹，太吓人啦！

但列奥下定了决心，他宣布：“电动时代到来啦！电该上场啦！”

电是一种能源。它可以用来让灯泡发光或给电炉加热。它也可以用来驱动火车或汽车。它是来自一部分原子（即电子）的一种能量形式。原子是构成地球上一切物体的微粒物质。

柠檬中的酸就像电池中的化学物质，能产生电流。

当这些被称为电子的微粒运动时，能量就产生了。如果使它们沿着一根金属丝运动，它们就会被从一个原子推到其他原子。当它们移动时，也会推动其他电子移动。这样就形成了一股电子流，同时积聚了能量。

电沿着电线流动。这些高塔把电输送到各地。

在一根电线或一节电池里有数百万的电子。所以，当你打开一个开关时，就是启动了一大股电子流。当电子流到达一个灯泡时，它必须通过一根叫作灯丝的细金属丝。灯丝太细了，电子必须用力向前推，这使灯丝变热发光。

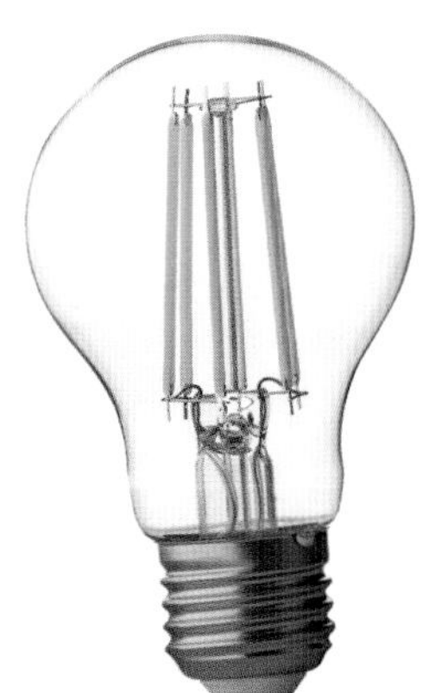
有些材料比其他材料更适于传输电子。灯泡中的细金属灯丝是良好的载体或导体。

小电池，大威力

列奥告诉帕拉斯，他们需要电。他已经等不及下一次电闪雷鸣了，所以，他们必须自己制造电。

“那也不是多难的事儿，”列奥说，“瞧，你的身体就充满了电，我们可以直接从你那里弄到电。”

帕拉斯连一个字都不信。它从来没有像雷电那样咔嚓响过，也从来没发出过巨大的光芒，它的身体怎么可能带电呢？

可这时，列奥伸出手来梳理帕拉斯的毛。他先梳一边，再梳另一边。接着，响起了轻微的噼啪声……最后，帕拉斯全身的毛都竖了起来。

“这就是电，”列奥得意地解释道，“静电！这完全是你制造出来的！现在，我们只需要收集和存储它。”

- 列奥应该梳理他自己的头发，不该摆弄我的毛。
- 列奥可以通过摩擦石头或金属来制造电火花。但这样产生不了源源不断的电，也没有办法储存。
- 列奥或许可以尝试在盐水中堆积数层金属，以便通过持续的化学反应来产生电流。

电池是一种将化学能转化为电能的装置。当电池连接负载物（比如灯泡）时，电就会流动。

现代电池通常含有一些酸性化学物质和金属，比如铜和锌，这些金属也是金属容器的一部分。当电池开始工作时，内部的一些化学物质会分解并侵蚀金属物质。这一反应过程会产生电流。

有些电池是一次性的。这意味着，当其中一种化学物质耗尽时，电池只能被扔掉。还有一些电池是可充电的，这意味着，它们可以被充电并再次使用。

列奥将制作一种含有酸性化学物质的混合物，使其与金属发生反应。这种反应会产生电流。

电磁铁

电磁铁是通电产生电磁的一种装置，由一根绕着线圈的铁棒或硅钢棒组成。线圈通常由铜线制成，这是因为铜是一种优良的电导体。

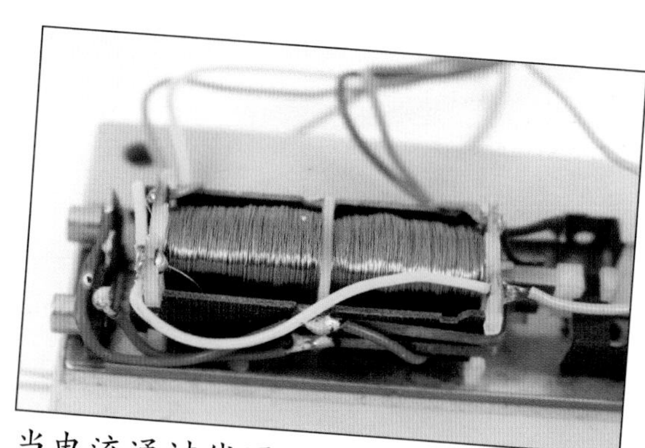

当电流通过线圈时，电磁铁会产生一股巨大的拉力。

当电流通过线圈时，这个棒就会变得有磁性。电磁铁只有在电流通过时才能工作。当电流关闭时，这个棒就不再是被磁化的。这意味着，我们可以实现电磁铁的开和关。

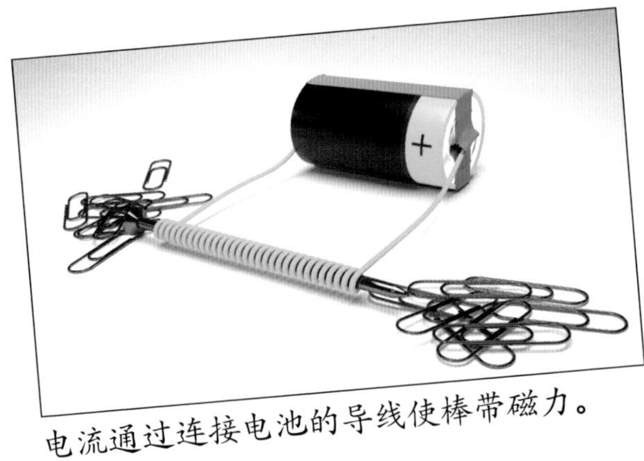

电流通过连接电池的导线使棒带磁力。

电磁铁的磁感线在内部从电磁铁的南极一端指向另一端北极，在外部是从北极指向南极。

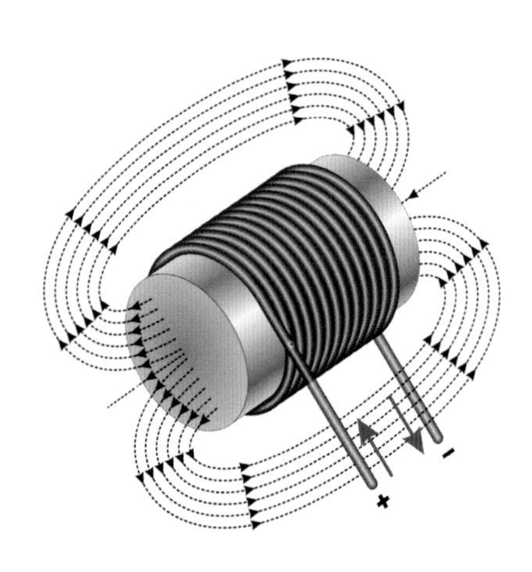

电磁铁中的磁感线。

制作电池驱动的起重机

请准备好下列物品：

- 6V或9V大电池
- 厚纸板
- 卡片
- 宽纸筒
- 手工白胶
- 透明胶带
- 铜丝
- 回形针
- 木棍
- 大钉子
- 吸管
- 细绳
- 橡皮筋

1 如图，将宽纸筒做成支撑架，支撑在电池下面。在卡片上剪一个洞，然后盖在电池上，露出电触头。

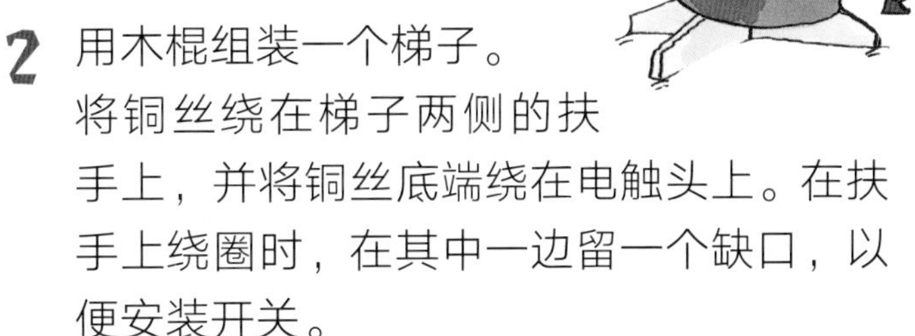

2 用木棍组装一个梯子。将铜丝绕在梯子两侧的扶手上，并将铜丝底端绕在电触头上。在扶手上绕圈时，在其中一边留一个缺口，以便安装开关。

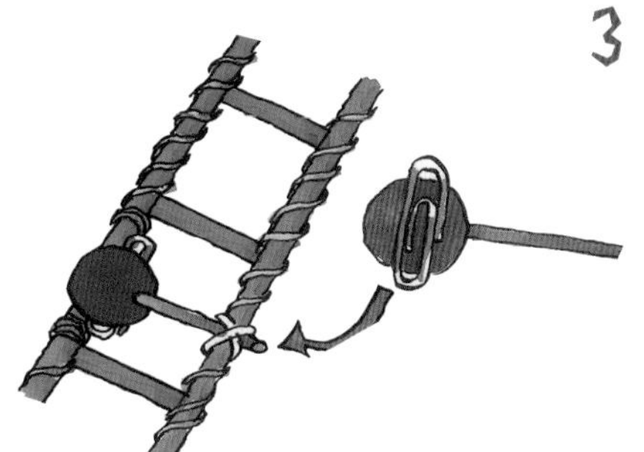

3 制作开关：用橡皮筋把一截木棍的一端横绑在梯子上；用白胶将一小块卡片和一个回形针粘在木棍的另一端。向下压木棍，回形针就会将缺口两端的铜丝连接起来。

4 将铜丝缠绕在一根钉子上，然后将铜丝的一端穿过一根吸管，绕圈打结，挂在梯子顶端的一边。用胶带把铜丝的另一端粘在吸管外面，绕圈打结，挂在梯子顶端的另一边。铜丝的两端不能直接接触。

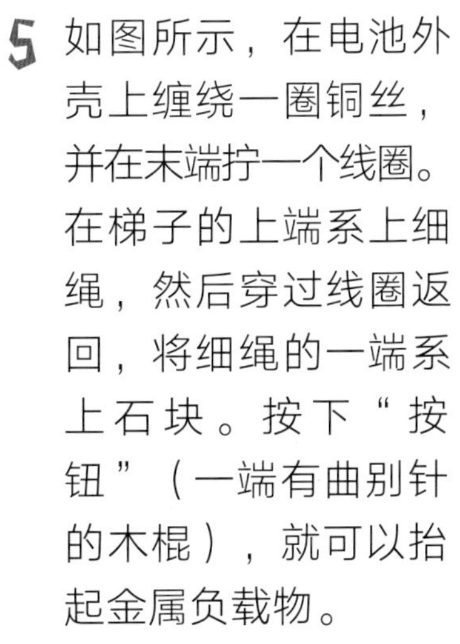

5 如图所示，在电池外壳上缠绕一圈铜丝，并在末端拧一个线圈。在梯子的上端系上细绳，然后穿过线圈返回，将细绳的一端系上石块。按下“按钮”（一端有曲别针的木棍），就可以抬起金属负载物。

嘀嘀嗒嗒发电报

有了电力供应，列奥又萌生出一些激动人心的计划。他正在用他新发明的电池产生短的电脉冲信号。

“瞧！”他兴奋地告诉帕拉斯，“一道电光一闪而过。再瞧瞧——又一道电光一闪而过。”

又一道电光……又一道电光……

“现在，”列奥煞有介事地说，“我想请你集中注意力。我要给你发一些信息。闪一下表示‘舔舔你的鼻子’；闪两下表示‘舔舔你的爪子’；闪三下表示‘舔舔你的耳朵’。这就是密码。懂了吗？”

帕拉斯
奇思妙想

- 列奥可以用一根很长很长的线把他的电文发送给某人。
- 这里的“某人”应该离这里很远很远，这样就不会打搅它睡觉。
- 这里的“某人”要看得懂线传过去的消息密码。

帕拉斯根本搞不懂。

电报是一种即时远距离传送信息的方式。电报信息是通过导线以编码的形式发送的，编码是由电脉冲组成的。操作员用发报机——一个键盘或指垫——输出这些脉冲信号。信息就是在纸带上接收的一连串符号。

塞缪尔·莫尔斯开发了一种叫作莫尔斯电码的编码来翻译这种电脉冲信号。一次短促的电脉冲代表短信号“•”；一次三倍时长的电脉冲代表长信号“—”。莫尔斯电码就是在纸带上接收的一连串“•”和“—”。

最常用的字对应着最简单的符号。标点符号和像“错误”这类词语也有符号。字母SOS——“•••———•••”——组成了国际通用的求救信号。

帕拉斯躲到了一个别人不容易找到的地方。现在，它只希望自己可以发出一条信息：

“救命啊！”

电路

电子的流动形成了电流。电子是围绕原子核运动的微小带电粒子。电子沿导体流动。导体一般是金属丝，通常是由铜制成的，因为铜是良导体。导体是一种能使电流很容易通过的物质。

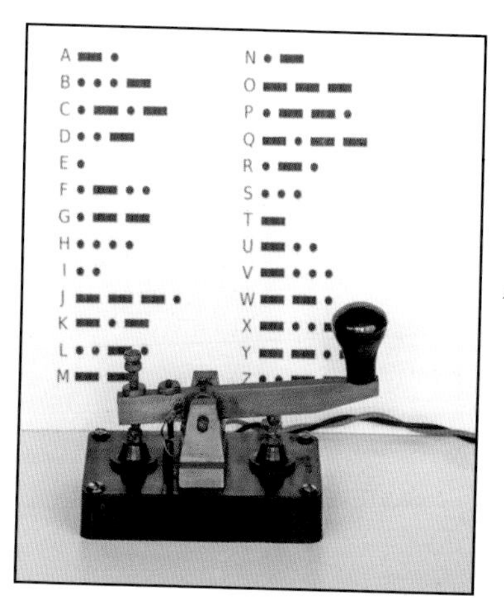

这台发报机通过电报线用莫尔斯电码传送信息。

电流沿着一条叫作电路的路径流动。在电报系统中，电流沿电报线运动。电报线被架在木杆上或被埋在地下。敲击发报机使电子以短脉冲或长脉冲的形式沿着电报线流动。

电报线杆矗立在大地上，把信息从一个地方传送到另一个地方。

现代电子设备，如电视或计算机等，一般使用电路板。这是一种玻璃纤维板，上面覆盖着细细的铜条。这些铜条的工作原理与铜丝一样，用来传输电子流。

这是电路板，存在于多种电子设备中。

物理学家专用术语 电流 原子核 导体

制作莫尔斯电码盘

请准备好下列物品：

- 纸板或泡沫板
- 锡纸
- 黑色卡片
- 黑色记号笔
- 塑料瓶
- 胶水
- 彩色细绳
- 胶带

1 在纸板或泡沫板上画一个大圆，并剪下来。用锡纸盖住圆板的一面，用黑色卡片盖住另一面。

2 在圆板的锡纸这一面，用黑色记号笔画出莫尔斯电码。这就是莫尔斯电码盘。

3 剪下塑料瓶的小瓶口，在留下的大瓶口上剪两个槽口，以便夹住莫尔斯电码盘。将电码盘插入槽口。

玩法：

找个搭档一起玩。
首先，转动电码盘，让电码正对着自己，迅速记忆要发出去的信息的电码。
然后，把电码盘转过去，让黑色面冲自己，通过敲击瓶身传递电码给搭档。

最后，搭档根据电码盘破解收到的信息

亚历山大·格雷厄姆·贝尔

一位伟大的发明家！

亚历山大·格雷厄姆·贝尔小时候大部分时间都在家里接受教育，尽管他的母亲是一个聋哑人。当他成为一名教师，教学生音乐和演讲后，他对声音产生了兴趣。他也在一所学校教聋哑孩子。

后来，贝尔继续帮助聋哑儿童，先是在加拿大，然后在美国。这时，他开始试验一种他称作“谐波电报”的设备，这种设备可以用不同的音高传输信息。

贝尔的计划是用电报传送人的声音。他打算用电脉冲形成波传播。这些波与普通电波的振动相似。

1876年，贝尔在离他办公室8千米远的普莱斯特山电报局发了一封电报，表示他已经准备好了。见证者们挤在他的办公室里，听到了微弱的回答声。

亚历山大·格雷厄姆·贝尔最著名的发明是电话。起初，他并没有把它当作电话，而是将其当作一种“超级电报”。事实上，该机器的专利描述是“一种通过电报传输人声或其他声音的机器”。贝尔发明这一装置的主要目的是使远距离交流变得更容易。

贝尔在测试自己发明的电话。

贝尔还改进了留声机。这是早期的一种录音机器，类似于录音机，使用一个蜡筒和一个带有雕刻针的圆盘。贝尔继续进行声音传输的实验，并发明了另一种设备，称为光话机，它通过光束传输声音。

这是一种用来播放音乐的古典留声机，它是在贝尔的发明的启迪下诞生的。

贝尔的许多发明都领先于他的时代。一个世纪后，他的光话机背后的原理催生了光纤技术。今天，光纤技术已可在全世界范围内传送大量的信息。

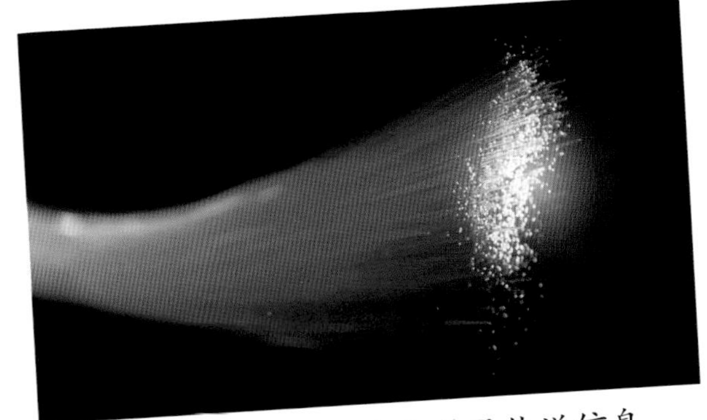

光纤技术现在被用来向全世界传送信息。

“喂”了半天没人接电话

“喂，你在听吗？”列奥在打电话。

帕拉斯看着自己爪子里的小玩意儿。

列奥在里面？

“帕拉斯，你在听吗？”列奥大声喊叫，“听到请回答！”

列奥非常聪明地制造出一种电话，这样，他就可以发送声音信息了，不用再像以前那样只能用电报机发出闪光。

可是，帕拉斯貌似没在听。

“把电话交给别人，”列奥喊道，“喂！喂！有人在听吗？”

电话是一种远距离或在人的听力范围之外进行交流的工具。

没有人接电话。貌似它们都有更有趣的事情要做！

当有人对着电话的话筒说话时，声音会引起薄薄的金属圆盘（或膜片）的振动，使之产生话音电流。

随后，话音电流通过线路传送到接电话的人那里。在那里，电流使听者听筒中的膜片振动，该膜片于是复制了原来的声音。所以，电话这头的人说出话，电话那头的人就能听到。

电荷

原子是一种微小的粒状物质。它由原子核和若干围绕在原子核周围的电子组成。原子核由名为质子和中子的更小微粒组成。质子带正电荷。电子带负电荷。中子，顾名思义，是中性的——它们完全不带电荷。

图为原子模型，显示电子在原子核周围的轨道上运动。

就像条形磁铁的正极和负极一样，电子和质子相互吸引。这就是为什么电子会留在它们的电子云或电子层中。然而，在铜等一些材料中，电子能自由地运动。

电子在铜线上自由移动。

像电池这样的电源使这些电子沿着铜线从负极移动到正极。这种电子的流动产生了电流，就像贝尔电话中的那样。在电话中，每一种声音都以某种方式改变电子流，于是，信息可以通过导线传达给接收者。

在早期的电话中，电流中的电子运动使声音沿着导线传播。

物理学家专用术语 原子 原子核 电子 质子

制作一个纸筒电话

请准备好下列物品：

- 一次性纸杯
- 细绳
- 颜料
- 画笔
- 筷子
- 橡皮泥

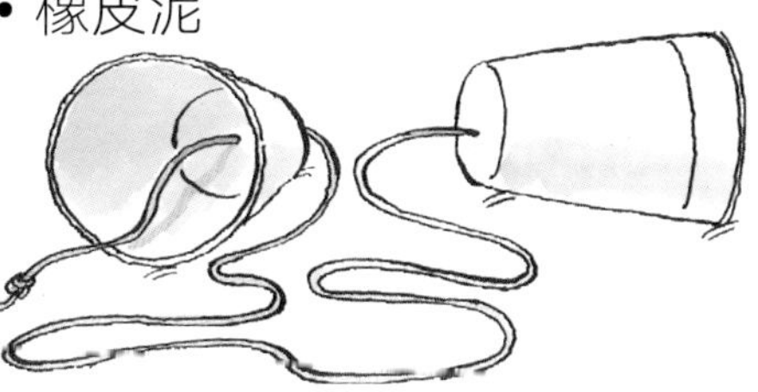

1 取两只一次性纸杯，在每只杯子的底部打一个小孔。

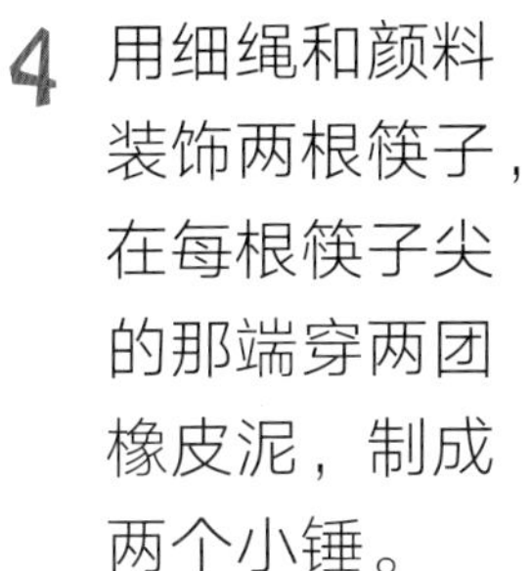

2 将一根细绳穿过杯底的小孔，并将绳头在杯子里面打结固定住。绳子的另一头穿过另一个杯底的小孔后也在杯子里打结固定。

3 用明亮的颜色在纸杯外画一幅电话主题的画。

4 用细绳和颜料装饰两根筷子，在每根筷子尖的那端穿两团橡皮泥，制成两个小锤。

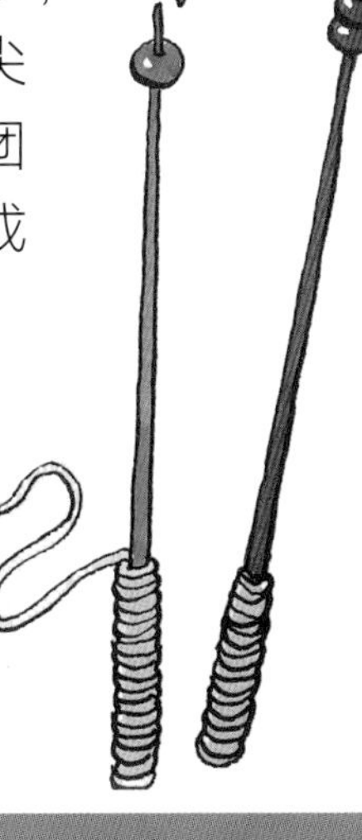

跟朋友打电话：

你和朋友分别拿一只纸杯贴在耳边，拉紧两只杯子之间的细绳。开始谈话之前，先用小锤轻敲绳子——这样就会沿着绳子传递一个振动——然后，开始谈话吧！

电视画面是怎么来的

现在列奥知道，他可以用电信号来生成信息了。他在用他的发报机向每个人发送信号。

可现在，他还想发送图片。这意味着必须改变电子微粒，让它们可以发出光脉冲和颜色脉冲，而不仅仅是声脉冲。

帕拉斯
奇思妙想

- 列奥可以把他的图片分解成点或者脉冲，就像他分解自己的信息一样。
- 不同种类的波在我们的星球上不断地运动着。
- 他的图片需要“搭乘”发射机内部产生的某种波。

如果他能把一幅画分解成许多小的光信号，也许就能分块发送。然后，它们可以在另一端再次组合成这幅画。

电视是一种远距离传送声音和图像的设备。它利用无线电波携带电信号穿过大气层。

1925年，英国发明家约翰·洛吉·贝尔德发明了一种传输黑白图像的“神奇魔盒”。他称之为“电视播放机”。它的零件包括：一个带盖的盒子、一根针和一个饼干盒。这些零件用蜡和细绳固定在一起。它用旋转的圆盘来记录和显示图片。

大约同一时间，在美国，弗拉基米尔·兹沃尔金正在开发一种完全不同的电子式系统。

两位发明家都是把他们的图片分解并转变成无线电波。无线电波携带电信号穿过大气层。

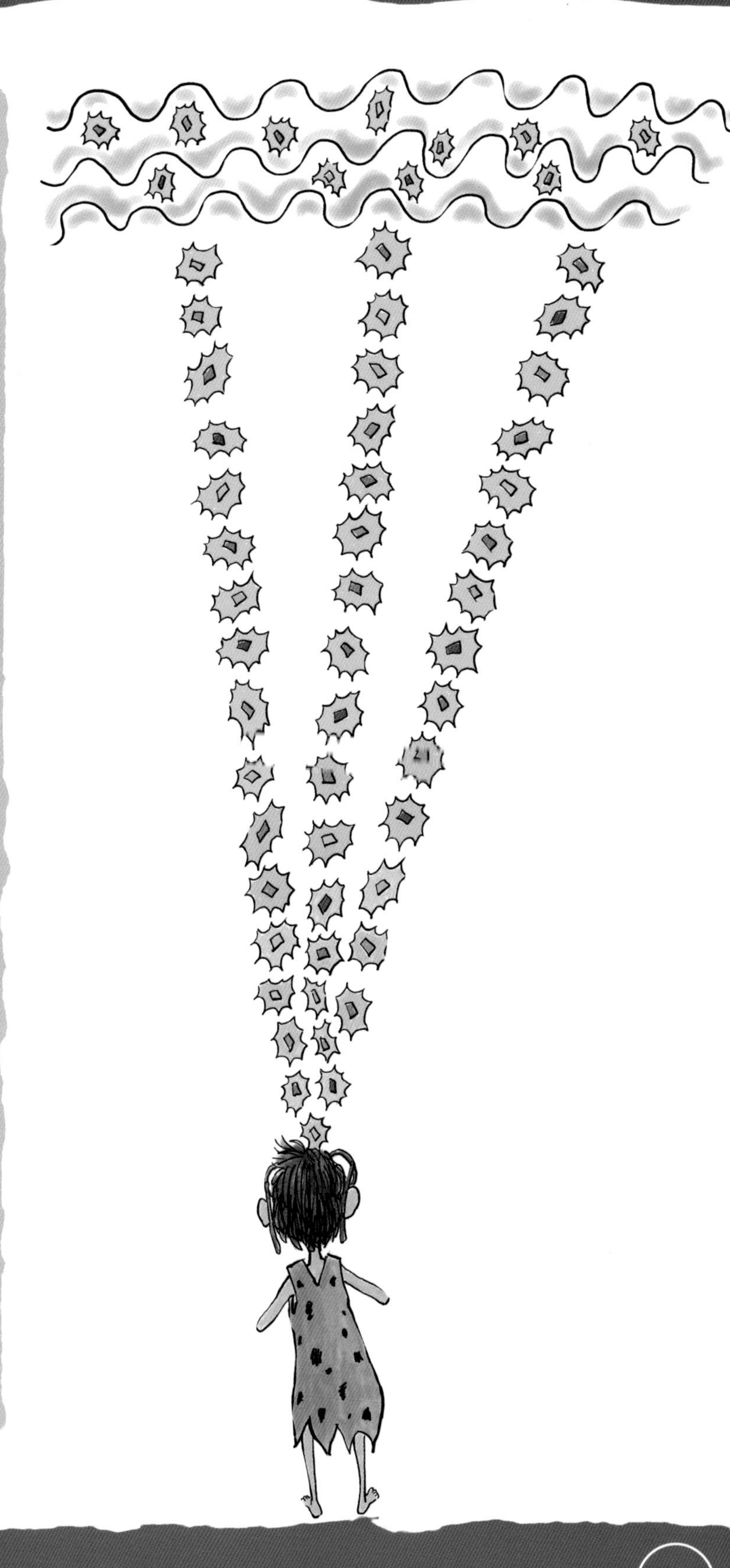

电子枪

在电视机中，电子枪向荧光屏发射非常强的电子束。荧光屏上覆盖着一层荧光粉或固体化学物质，当它们被电子束击中时会发光。当电子束照射到荧光屏上时，它会以不同亮度的线条“书写”图像，就像铅笔在纸上写字一样。电子束越强，发出的光就越亮。

这是一台检测汽车行驶速度的摄像机，使用的也是电子枪。

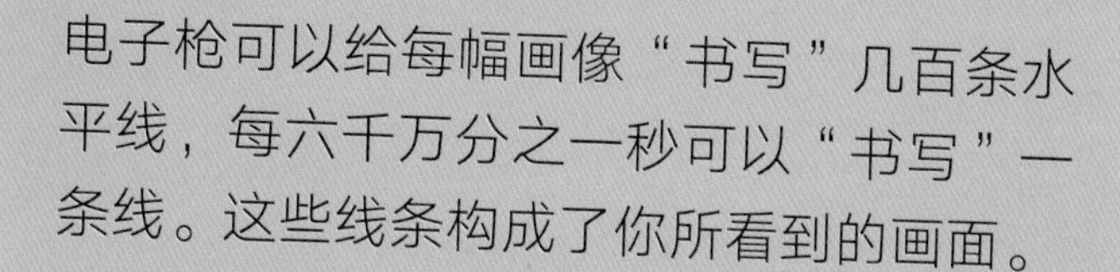

电子枪可以给每幅画像“书写”几百条水平线，每六千万分之一秒可以“书写”一条线。这些线条构成了你所看到的画面。

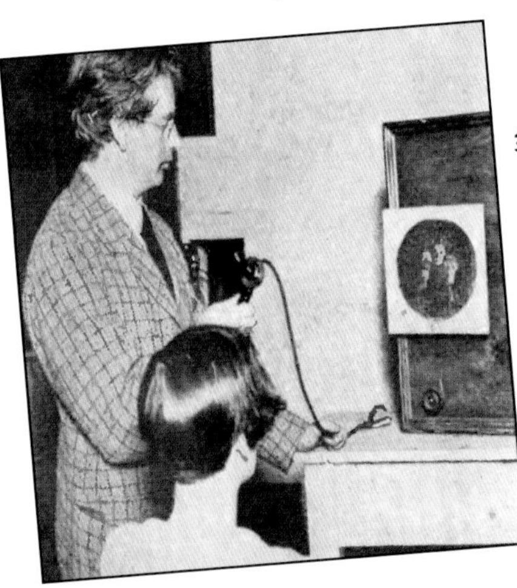

约翰·洛吉·贝尔德发明了第一台有图像的电视机。

一台彩色电视机有三把电子枪，它们穿过屏幕后面的金属格栅向荧光屏发射电子束。格子上有一排排的孔，只允许三束光束中的一束通过。屏幕上的荧光粉按三个一组排列，它们发出绿、蓝、红哪种颜色的光，取决于三束电子束中的哪一种击中了它们。

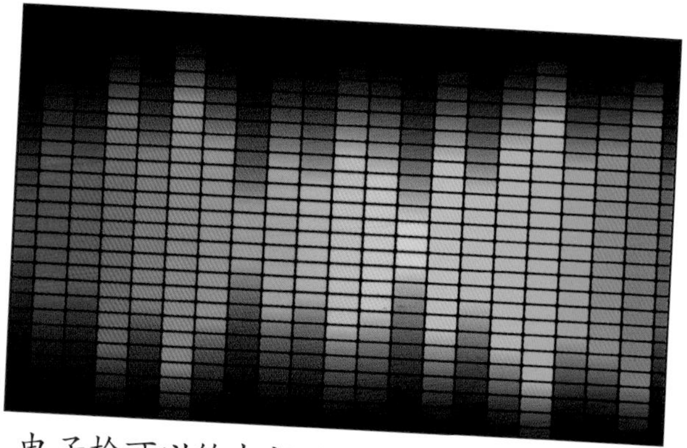

电子枪可以给电视画面上色。

制作闪卡

请准备好下列物品：

- 纸筒
- 竹签
- 纸板
- 硬白卡
- 水彩笔
- 强力胶
- 胶带
- 牙签
- 软木塞
- 橡皮筋
- 金属丝
- 纸盒

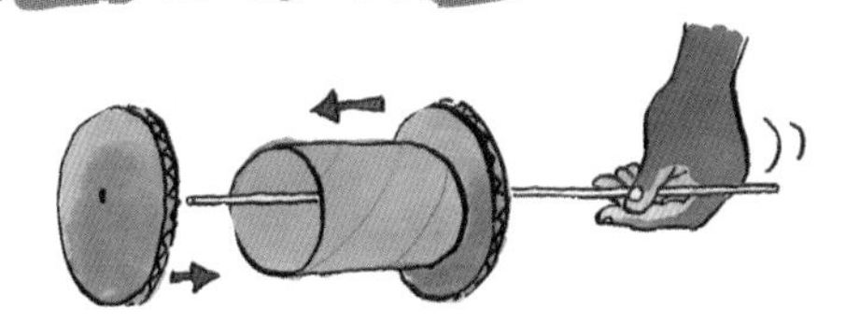

1 剪下纸筒的一部分，做成中央滚筒。剪两片圆纸板，直径要稍大于滚筒的直径。在滚筒的两端粘上圆纸板。用一根竹签穿过两端的纸板和中间的滚筒。

2 取50张长方形硬白卡，在第一张卡片上画一幅简单的图画，第二张上的图画稍稍有些变化，第三张……就这样慢慢推进图像的变化，以产生移动的效果。用水彩笔涂色。

3 将每张卡片沿底边折10毫米。用胶带把卡片背靠背粘在滚筒上，均匀地附着滚筒一圈。每两张卡片之间的空白面用胶水粘住。

4 将纸盒剪裁成如图所示的样子，将滚筒放入其中。用橡皮筋把牙签和软木塞绑在竹签的一端做成把手。

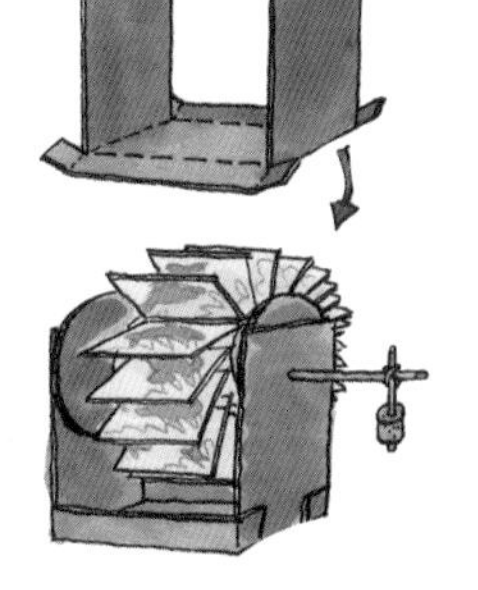

5 在盒子前面粘上卡片框（用纸盒剪裁），它应该比滚筒上的卡片伸得更远。在卡片框的前部安装一根弯曲的金属丝。用胶水把一块方形卡片粘在金属丝上端，就像“拍动手指”一样，这样可以起到稍稍缓冲每张卡片下落速度的作用。

陌生又熟悉的硅片

帕拉斯被电线缠住了。

到处都是电线。列奥将电线穿过地板、墙壁、天花板，在一个个设备之间，连接成了电路。

“难道你不会把电线剪成小段吗？”帕拉斯问列奥，“这样不就少占些空间了吗？”

列奥告诉帕拉斯“没门儿”，不过，他帮它解开了身上的电线。也许他能做点儿什么。也许他可以把电线全部固定在一块木板上，但这样还是很笨重。

他需要想出某种方法，把所有的电线都微缩存储起来。但他不希望电线因为变小而效能变小。因此，存储系统必须能够发出比所接收的电流更大的电流，还必须能根据需要打开或关闭。

列奥需要想一想“变小”的问题。

帕拉斯奇思妙想

- 洞熊的穴里没有凌乱地塞满电线，列奥应该以它为榜样。
- 洞熊使用的是晶体管，这是一种微型“脑细胞”，可以帮忙记忆信息。
- 硅片是由硅制成的。硅是在岩石、沙砾、尘土中发现的一种物质。

硅是一种灰色的化学元素。在地壳中，它是仅次于氧的第二大常见元素。你可以在地壳中轻而易举地找到它。

硅是用于组装微型电路的一种基础材料。

在塑料底座中嵌入一片硅，上面安装许多小零件和电线，就形成了一个微型电路。整个装配体称为“硅片”，或集成电路。

硅片可以非常小，有时小于4平方毫米。每个硅片都是为了在电子设备中做特定的工作而设计的。

集成电路最早用于军事装备和航天器。

没有它们，第一次载人航天任务就不可能完成。

硅片

硅片是由半导体制成的器件。半导体是一种不允许电流轻易通过的固体材料。但半导体也确实可以导电，跟绝缘体（比如玻璃和橡胶等材料）相比，它的导电性要好太多了。绝缘体完全阻止电流通过。

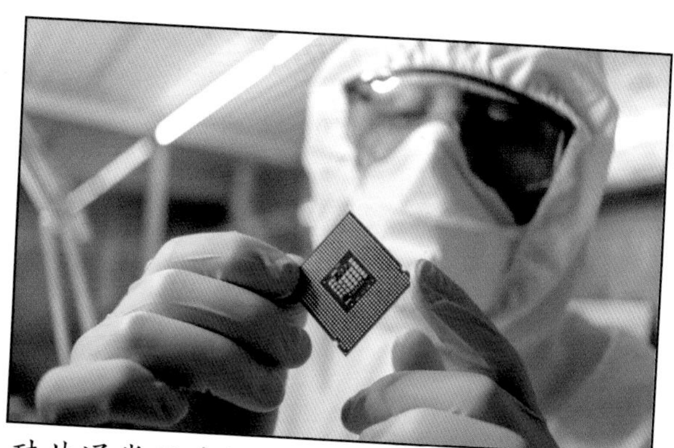

硅片通常尺寸较小。

半导体材料包括锗、硒和硫化铅等，但使用最多的是硅。除氧外，硅是地壳中含量最丰富的元素，它存在于岩石、沙砾、黏土和泥土中。

开采二氧化硅以生产硅。

硅经过开采和提炼，变成一种柔韧的金属，可被用作硅片的底座。

硅片可以用来增强微弱的电信号或改变电流的种类。收音机、电视机和计算机等都依赖于硅片。

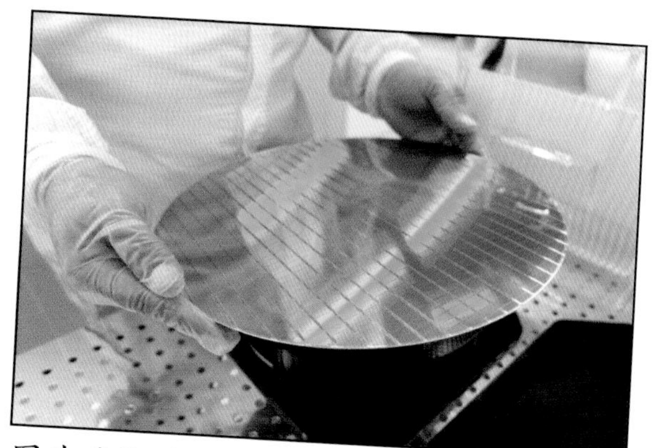

图为硅晶圆，是用于制造硅片的半导体。

制作电路板

请准备好下列物品：

- 瓶子、罐子、各种塑料瓶盖
- 塑料盒
- 小纸盒，如火柴盒
- 纸板
- 手工白胶
- 彩色卡片
- 竹签
- 锡纸
- 银色颜料
- 画刷
- 电线

1 如图所示，用纸板剪出各种形状。用胶水把各种形状的小纸板粘在一块大纸板上。

2 把各种塑料盒、瓶盖和小纸盒粘在纸板合适的位置上。

3 把瓶子、罐子和彩色卡片条也粘到纸板上。用竹签把这些组件连接起来。

4 用锡纸、银色颜料和电线装饰一下，让它看起来更像一块电路板。

嗨爆全场的电音

列奥正在计划一场盛会。

他知道，帕拉斯讨厌噼噼啪啪的电流，讨厌灯光、闪光和开关。

他知道，帕拉斯根本不懂电，也不知道电对人类有什么好处。

所以他准备让帕拉斯长长见识。

他打算举办一场电子音乐会。到时候会奏乐——很多音乐——音乐可以让帕拉斯欢呼雀跃，可以让它拍手喝彩。

响亮的音乐！音乐将充满森林，让所有的动物都神采飞扬——尤其是帕拉斯！

在流行音乐会上，扩音器使座位靠后的人也能清楚地听到表演者的演唱。

交流电，或称AC电流，是一种很特殊的电流——电流变强，然后变弱，然后改变方向。这种情况每秒钟发生很多次。在一种叫作“扩音器”的装置中，就使用交流电来扩大音量。

一名吉他手用扩音器使声音传播得更远。

术语表

半导体
处理后能携带电流的物质，比如硅。

磁场
受磁铁南北极之间磁力影响的区域。

导体
易于传导热量或电的材料。

电报机
一种长距离发送信息的机器，使用由长脉冲和短脉冲组成的电码，沿导线传送。

电磁铁
把线圈绕在铁棒或硅钢棒上的装置。当电流通过线圈时，棒就具有磁性。

电路
电流流过的路径。通常是铜制的导线或电缆。

电子
微粒物质，通常是原子的组成部分。在原子中，电子绕原子核做轨道运动。

电子枪
电视机里的装置。它利用电向荧光屏发射电子束。

发射机
连接在天线上的电子装置，天线可以传送无线电波。

硅
灰色的化学元素，可用于制造集成电路，因为它可以作为半导体使用。

硅片
由硅晶圆制成的器件，内含集成电路，广泛用于手机、计算机等电子设备中。

中子
原子核中存在的微小粒子。中子不带电荷。

荧光粉
一种被电子击中时会发光的固体物质。

原子
一种微小的粒状物质，由原子核和若干围绕原子核运动的电子组成。同一种元素中的原子是完全相同的。

原子核
原子的中心，包含质子和中子。

质子
原子核中的微小粒子。质子带正电荷。

绝缘体
阻碍热量或电流通过的物质。铜线的塑料外壳就是绝缘体。

柠檬导电

1. 把柠檬用力在桌子上压，直到压出很多汁水为止。
2. 把电线在指南针上缠绕几圈。把电线的一个裸端绕在一根铜丝上，把铜丝插入柠檬。

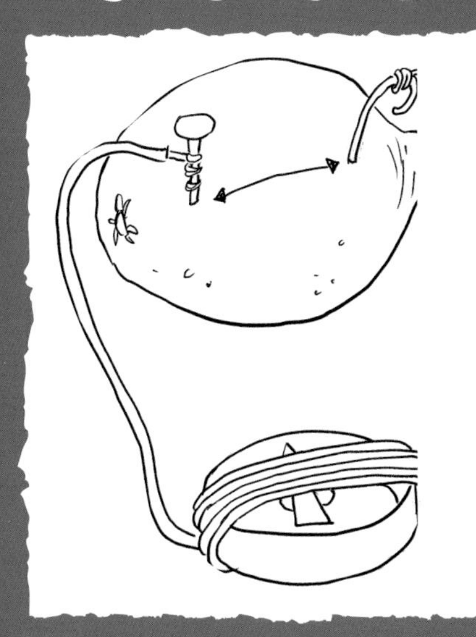

3. 把电线的另一个裸端绕在一根钉子上，将钉子插入柠檬，距离铜丝约3厘米。

现在看看指南针。指针动了吗？

静电吸纸

1. 用塑料梳子快速梳头10秒钟左右，然后把梳子放在一些小纸片旁边。

梳子会吸引小纸片，小纸片会跳起来粘到梳子上，因为现在梳子上带有电荷。

2. 当你把梳子靠近你的头发时，如果你的头发竖立起来了，那是因为梳子带静电，可以吸引头发。

光学篇
五颜六色的光

帕拉斯为什么是灰色的

雨停了，天空出现了一道彩虹。列奥告诉帕拉斯，每一颗小水滴都会捕捉到一束阳光，并把它分解成不同的颜色。

帕拉斯觉得不可思议。在它看来，光就是光，光是没颜色的。

“这就是问题的关键啊！”列奥告诉帕拉斯，“光看起来没有颜色，但其实不是这样的。实际上，你周围的大部分光都是由你在彩虹中看到的颜色组成的。”

“树上的叶子是绿色的，因为它们反射阳光中的绿色光。你的身子是灰色的，因为你反射阳光中的灰色光。这就是为什么你看起来是一只小灰猫。”

制作白光

请准备好下列物品：

- 剪刀
- 铅笔
- 记号笔或颜料
- 白色纸板
- 1米长的线
- 针或打孔器
- 胶水

1 在纸上画一只分成6个扇形区的轮子，将轮子上的扇形区分别涂成红色、橙色、黄色、绿色、蓝色和紫色。剪下纸轮子，粘在纸板上。

2 将纸板上的轮子剪下，并在上面戳两个孔。

3 把线依次穿过每个孔，然后把线的两端系在一起。把轮子拉到线的中间。

4 两只手分别拽住线的两端，将圆轮子朝着自己旋转20次。

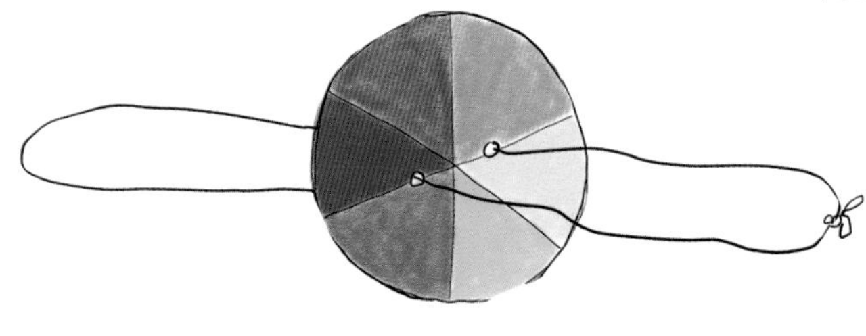

5 双手向两边拉线，轮子会转得很快。双手靠近，线会再次缠绕。重复牵线拉伸和收缩的动作，直到形成一定的节奏。

观看旋转的轮子。
你看到了什么颜色？

读会儿书可真不容易

“你挡住了我的视线。”列奥不悦地说。

长毛猛犸正在睡觉，它不会动的。它的巨大身躯在地上投下了一个影子，列奥在影子里看不清书。

“好吧，”列奥无奈地说，“你不动，我动吧。”

列奥动了动，可是，长毛猛犸也跟着动了动。它发出了巨大的鼾声和咯咯的笑声，然后翻了个身。

“好吧，”列奥万般无奈地说，“我再动一动吧！”

- 列奥应该像长毛猛犸一样蜷起身子睡大觉，改天再看书。
- 列奥可以打着手电筒看书，这样他就不用依赖太阳光了。
- 列奥应该远离长毛猛犸，这样他就不会困在猛犸的影子里了。

可是，长毛猛犸做了一个噩梦。它又打起了呼噜，又翻了个身……这一幕重演了一遍又一遍。

光是一种由电磁波组成的能量。这些电磁波中有些我们的肉眼可以看到，这就是可见光。光波沿直线穿过空间。它们的移动速度非常惊人，可达每秒299792千米。

直到20世纪，大多数科学家都认为，光只能以波的形式传播，就像池塘里的涟漪一样。然而，有些人，如艾萨克・牛顿则认为，光可以以微小粒子的形式传播。他称之为光子。

光束只能沿直线传播。光不能在固体中弯曲前进。当光被阻挡时，我们看到的黑暗就叫作影子。

光和影子

我们看到的大部分日光来自太阳。它以波和粒子的形式传播到地球。太阳光到达地球大约只需要8分钟。

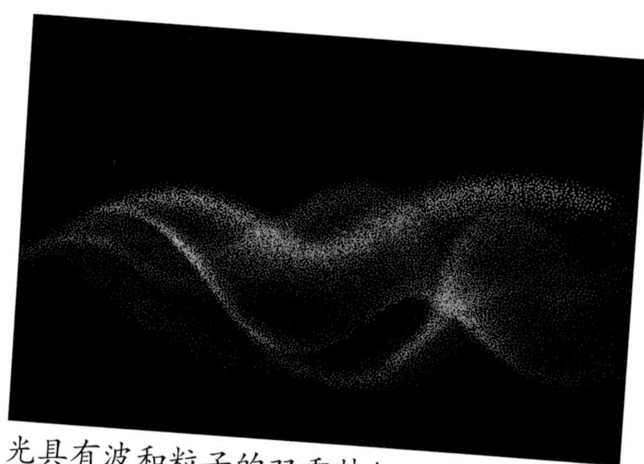
光具有波和粒子的双重特征。

虽然我们只看到阳光的一种颜色，我们称之为白光，但实际上，阳光是由好几种颜色组成的。它们就是光谱中可见光的颜色。这些颜色光以波的形式运动，每一种颜色光都有不同的波长。波长就是两个波峰（波谷）之间的距离。不同波长的光呈现不同的颜色——从紫色到红色不等。

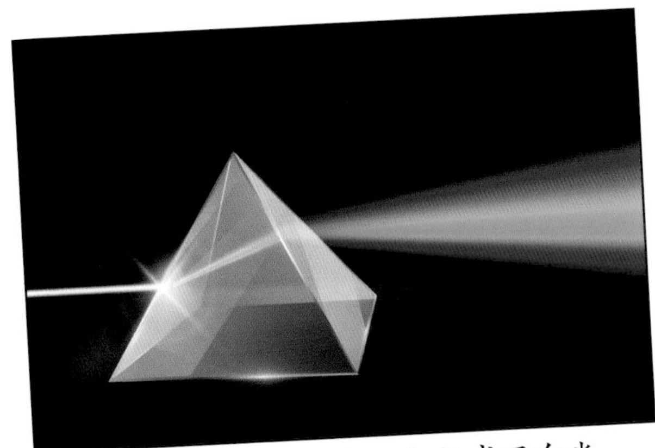
光谱中的可见光的颜色一起组成了白光。

大多数物体会吸收或反射一些光波。透明物体的颜色是由透过的光的颜色决定的，比如透明物体吸收了绿色光，反射了除绿色光以外的所有光，我们看到的物体就是绿色的。不透明物体的颜色是由反射的光的颜色决定的，比如不透明物体反射了黄色光，吸收了除黄色光以外的所有光，我们看到的物体就是黄色的。

黄色的物体反射阳光中的黄色光。

制作太阳钟

请准备好下列物品：

- 扁平的大盒子，如比萨盒
- 一块可以装进大盒子的泡沫板
- 铅笔
- 铅笔大小的直杆
- 彩色包装纸
- 几个彩色图钉
- 牙签
- 彩色卡片

1 将泡沫板粘在大盒子的一个角落里，然后把盒子盖上并用胶带封好。

2 用彩色包装纸把盒子包起来。

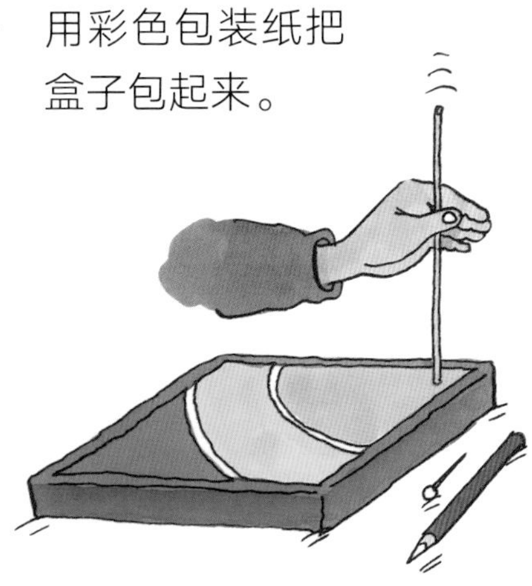

3 在泡沫板所在位置用图钉扎一个小孔，然后用铅笔把小孔捣大，再把直杆插进去，让杆子竖立起来。用彩色卡片做一个太阳，粘在竖杆上。

4 将盒子放在阳光充足的窗台上，然后在一天中不同的时间或每天的同一时间标记影子落在了什么地方。

5 你可以用小旗子画出太阳在一天中或几个月中的运行轨迹，看看影子在一年中的长短变化。

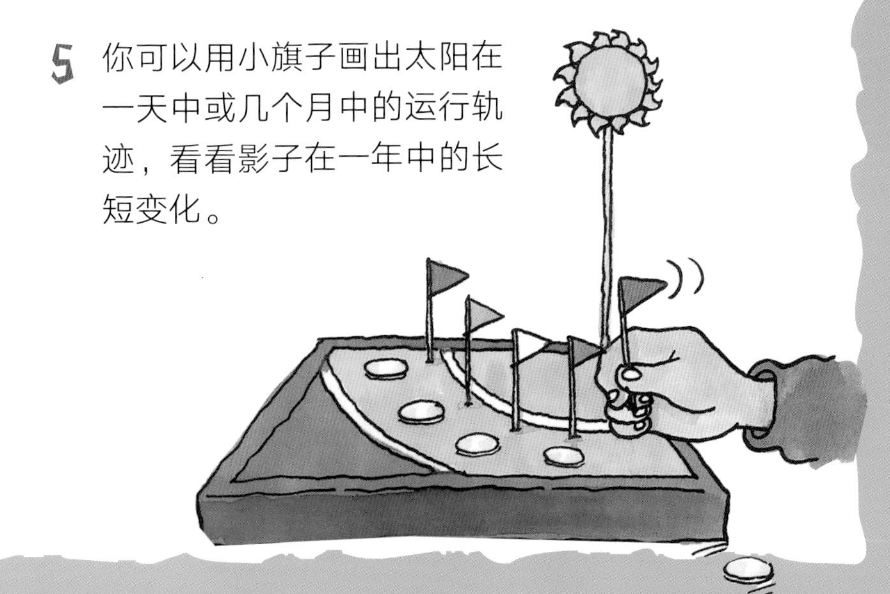

看不见的小生物

帕拉斯正在端详它的宝贝骨头。新的骨头油腻多肉，帕拉斯正期待着好好咀嚼一番。但是，老的骨头呈暗灰色，看样子一点儿都不好吃。即便如此，帕拉斯还是担心会有其他动物对老的骨头感兴趣。

“你不能吃那些东西，”列奥坚定地说，“老的骨头上爬满了蛆！”

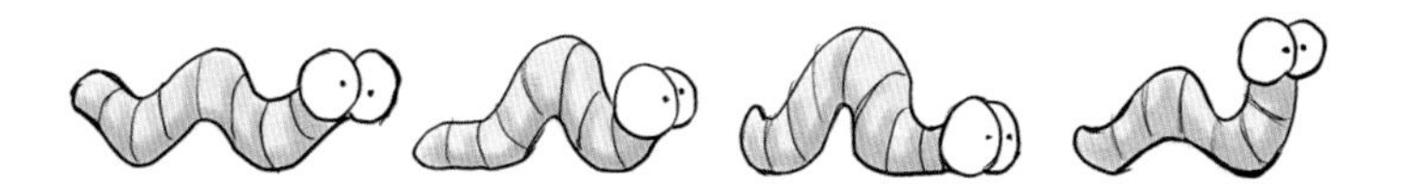

列奥说，现在是时候把新鲜的骨头和生蛆的骨头分开了。也许帕拉斯需要帮助，因为蛆虫很小，非常善于隐藏。

帕拉斯
奇思妙想

- 帕拉斯觉得列奥从一开始就应该给它新鲜的、没生蛆虫的骨头。
- 帕拉斯觉得它该等到蛆虫再变大一些，这样就可以看到它们了。
- 或者列奥应该发明某种器具能放大蛆虫，这样帕拉斯就可以看到它们了。

列奥开始制作透镜啦。他把一块玻璃磨成弧状。这样，透镜以某种方式捕捉光线，事物看起来会比实际更大。

然后，他把透镜装进了一个框里，并让帕拉斯通过镜头观察骨头。

显微镜是一种用来研究微小物体的仪器。最简单的显微镜包含一个或多个透镜。透镜的玻璃片的一面或两面被切割或磨成弧状，所以透镜的中间比边缘厚。这样，你就会通过透镜看到放大的物体。

光学显微镜使用透镜，可以把物体放大几千倍，这使科学家可以观察到肉眼无法看到的微小物体，比如人体细胞、细菌、花粉等。

电子显微镜使用的是电子束，而不是光。电子显微镜可以把物体放大几十万倍。特殊的电子显微镜更加强大，甚至可以显示单个原子。

反射

反射是光波或声波撞击物体时改变传播方向的现象。例如，当声波在墙上进行反射时，我们可能会听到回声。当光波通过镜子进行反射时，我们会看到物体的影像。

光波在镜子上进行反射，所以我们能看到自己的样子。

大多数光是被反射的光。我们通过眼睛看到的事物都是光线从周围事物上反射回来的。如果没有反射，我们将看不到周围的任何东西。当没有光的时候，比如在一个漆黑的夜晚，我们什么也看不见，其实我们白天看到的事物仍然在那里。

夜晚，我们只能看到物体的轮廓。

利用光的反射，科学家们能够看到显微镜下的物体。

光波在显微镜下的物体上发生反射。

制作显微镜

请准备好下列物品：

- 硬纸筒
- 贴纸
- 包装纸
- 手工白胶
- 剪刀
- 塑料盘
- 放大镜
- 瓶盖
- 硬纸板
- 锡纸
- 粗电线

1 用包装纸和贴纸装饰两个硬纸筒。将其中一个硬纸筒从中间剖开，变成两个一半的筒。

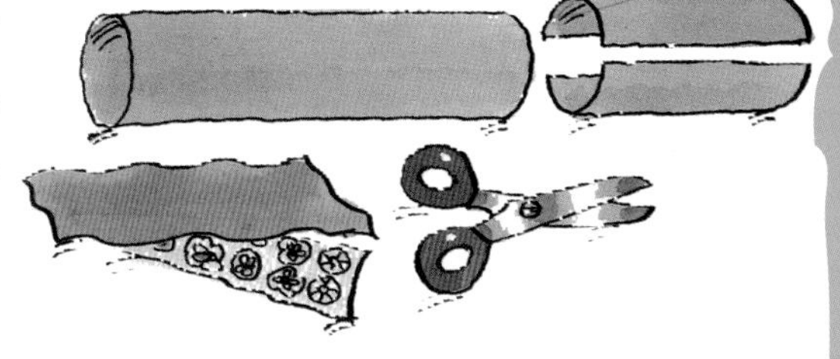

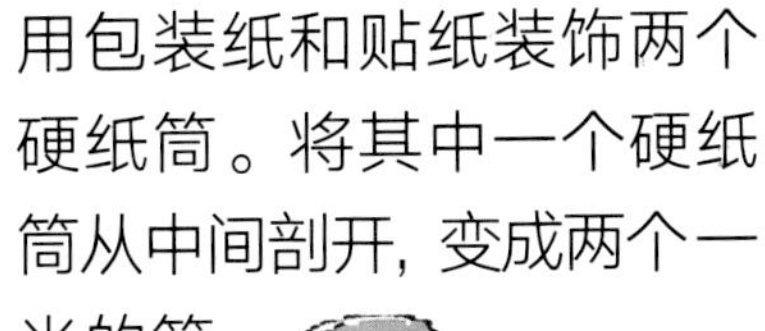

2 如图所示，将两个一半的筒用白胶粘在完整纸筒的下面，使完整纸筒竖立起来。

3 在竖立的纸筒顶部切割一个深深的缺口，然后把放大镜的把手卡进去。把瓶盖粘在把手上面。

4 在竖立的纸筒中部切一个槽口，插入一个塑料盘。

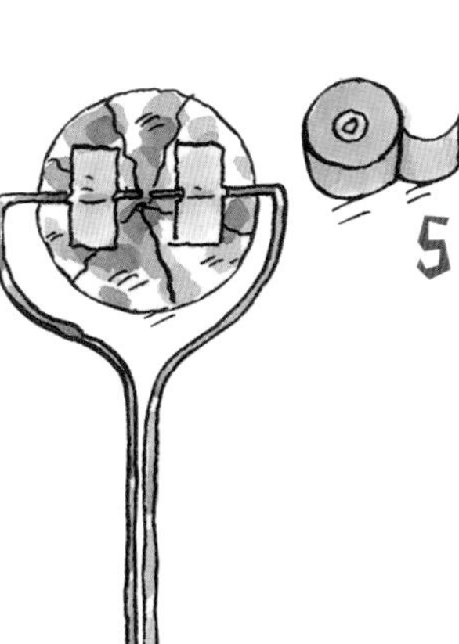

5 制作反光镜：将硬纸板剪成圆盘状，用锡纸包好，并把它接到扭弯的电线上，如图所示。将圆盘放置在高高竖起的纸筒的底部，电线两端分别穿过半筒的底部。

仰望星空

列奥正在凝视夜空。

“我真希望自己就在空中，”他告诉帕拉斯，“那么，我就可以亲眼看到所有的恒星和行星了。咱们在这里什么都看不到！”

帕拉斯打了个哈欠。早就过了它睡觉的时间了，再说，它在黑暗中也看得清清楚楚呢——它是猫咪哎！

不过，列奥还在思考：是否可以使用帮帕拉斯观察蛆虫的同款显微镜，让天空看起来更大、更清晰呢？

但列奥又有了别的主意。一切灵感都来自帕拉斯的眼睛。

- 帕拉斯说，帮它看到蛆虫的透镜跟让列奥看到整个夜空的镜头肯定是不一样的。
- 帕拉斯认为透镜必须是巨大的。
- 帕拉斯觉得自己还是回去睡觉吧。

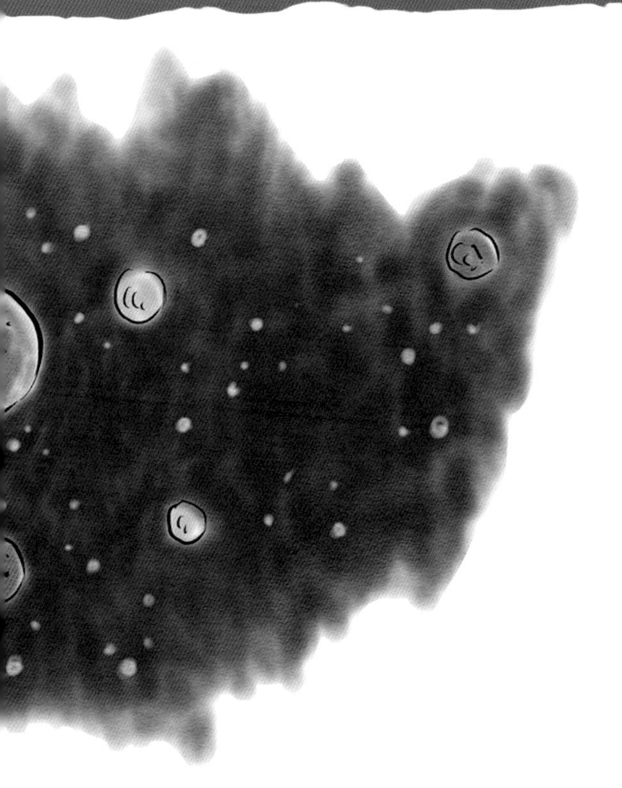

帕拉斯的眼睛正在捕捉来自月亮和星星的光，一闪一闪的。猫眼就像镜子一样，把所有的光都收集起来，使光线更强。

那么，如果列奥用镜子和透镜做同样的事情呢？

望远镜

望远镜是用来观测遥远物体的光学仪器。反射式望远镜，即那些能汇聚光线的望远镜。反射式望远镜在天文观察中应用十分广泛。

近30年来，哈勃空间望远镜一直在收集星星的信息。

遥远的星球发出的光非常微弱，只有当它们的光能被透镜或镜子集中起来时，它们才能被看到。反射式望远镜使用镜子来收集和聚集光波。在望远镜中，光被聚集的地方叫焦点。图像也可以通过望远镜观察端的透镜（称为目镜）被放大。

天文学家们使用美国国家航空航天局的哈勃空间望远镜，通过白矮星发出的光的波长来估算它的质量。

今天，最大的反射式望远镜是位于夏威夷岛的凯克望远镜，其口径达10米。它们被安置在大型天文台中，每当被使用时，这些天文台就向天空打开。

夏威夷的凯克望远镜是巨大的反射式望远镜。

制作潜望镜

请准备好下列物品：

- 硬纸板
- 卡片
- 两面长方形小镜子
- 颜料
- 画刷
- 手工白胶
- 剪刀

1 如左图所示，在硬纸板上画好线，然后将其折叠成一个长方体。在其一端贴上一张卡片。

2 在柱子底端往上一点儿的位置剪出一个封舌，将封舌向内侧推。

3 在封舌上粘一面小镜子，与平面呈45°角。

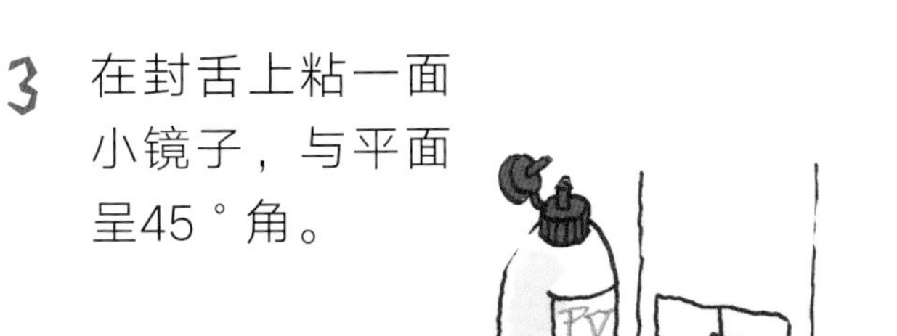

4 用硬纸板再做一个长方体，比第一个稍微大一点儿，以能套在第一个长方体外自由滑动为标准，如图所示。

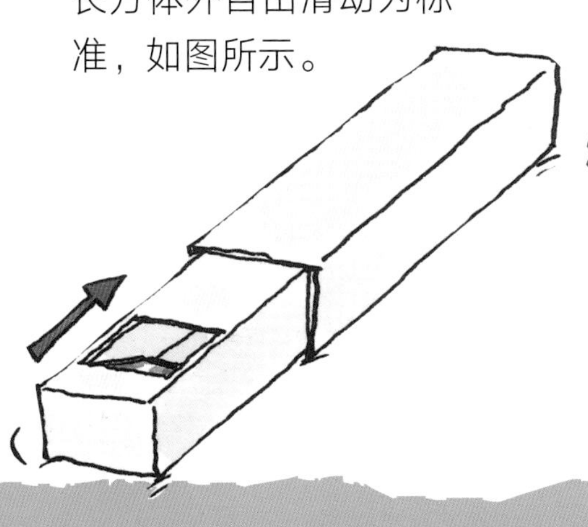

5 在第二个长方体的顶端剪出一个封舌，用同样的方法粘上一面镜子。装饰两个长方体。同时滑动两个长方体，开始观察吧！

洞熊先生近视啦

洞熊遇到了一个问题。它习惯于长时间待在黑暗的洞穴里，可这样一来，当它走出洞穴来到阳光下的时候，他什么也看不见了。

列奥说：“你应该多在外面待一会儿。”但洞熊更喜欢睡觉——在洞穴里睡觉，感觉最好！

列奥要给洞熊测一下视力，也许它只需要戴墨镜来挡住强光就可以了。但也许它的眼睛还有其他的毛病，那它就需要某种东西来帮助它看得更清楚。

其他伙伴也赞成。因为就在前几天，大家看到洞熊在河里抓鱼，而它抓到的根本不是鱼！

帕拉斯奇思妙想

- 帕拉斯说，洞熊越来越老，视力越来越差，也许它只能看清更大的东西。
- 列奥可以做一面大镜子，让洞熊随身携带。
- 或许列奥可以用一小块曲面镜（类似于他制作的显微镜）帮洞熊放大东西。

眼镜是在镜框里装上镜片。眼镜可以帮助视力不好的人看清楚东西。第一副眼镜可能诞生于1280年左右的意大利，但在那之前眼镜可能在中国已被使用过。

眼镜一般装有凸透镜或凹透镜。凸透镜向外凸出，帮助那些远视的人，即看近处的东西有困难的人。凹透镜向内弯曲，帮助那些近视的人，即看不清远处东西的人。

今天，大多数人戴的眼镜是树脂镜片的而不是玻璃镜片的，这是因为树脂比玻璃轻，也不易破碎。隐形眼镜是一种戴在眼球角膜上，用以矫正视力或保护眼睛的镜片，于20世纪50年代被研发出来。

折射

折射是指光从一种介质射入另一种介质时，传播方向发生改变的现象。当一束光斜射进入或离开一个透明物体（如透镜）时，就会改变方向，这就是折射。例如，望远镜的镜头折射来自星星的光。

光线在水中发生折射。

验光师在制作眼镜时使用折射原理。凹透镜向内弯曲，使光线向外折射。它改变了一个人通过眼镜看物体的方式。

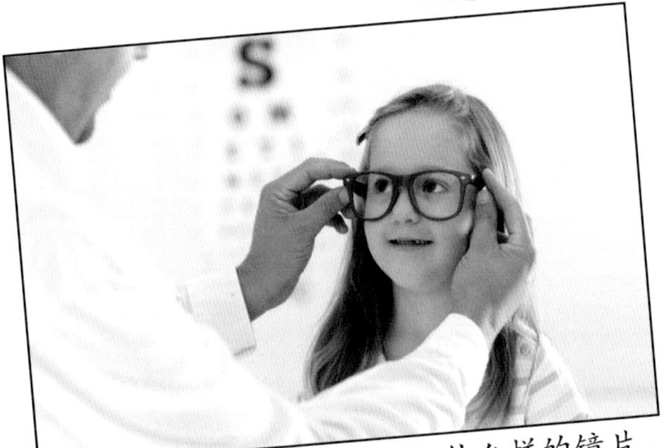

验光师通过测视力来确定配什么样的镜片。

当光线照射到正常的眼睛里时，光线集中在眼睛的一个部位上，这个部位叫作视网膜。当眼睛近视时，光线集中在视网膜的前面。凹透镜可以改变光线的方向，使它们正好聚焦在视网膜上。而凸透镜则可将光线向内折射以矫正远视。

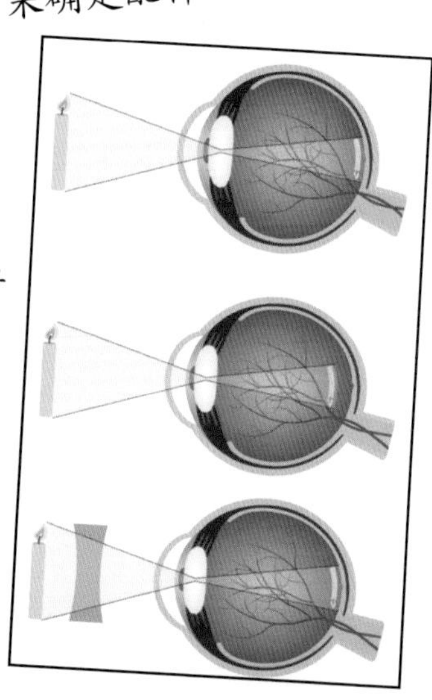

透镜使光线折射以帮助视物。

制作花式眼镜

请准备好下列物品：

- 彩色卡片
- 铅笔
- 剪刀或工艺刀
- 透明胶片
- 闪光胶水
- 亮片

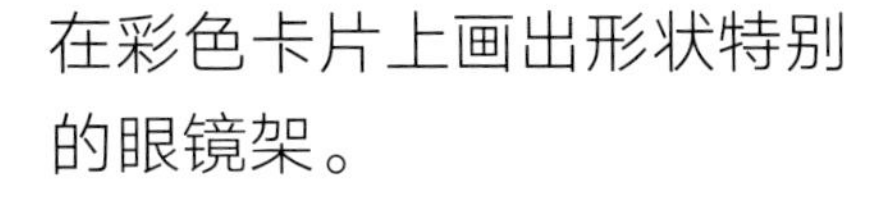

1 在彩色卡片上画出形状特别的眼镜架。

2 用剪刀剪下镜架。如果想要更齐整的造型，可以使用工艺刀来裁，但要请大人帮忙。

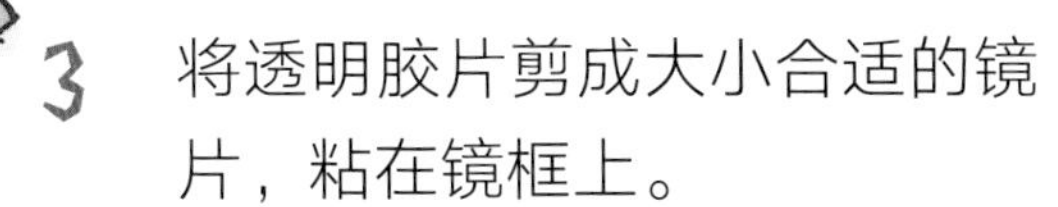

3 将透明胶片剪成大小合适的镜片，粘在镜框上。

4 将镜腿向后折，用闪光胶水粘上亮片做装饰。

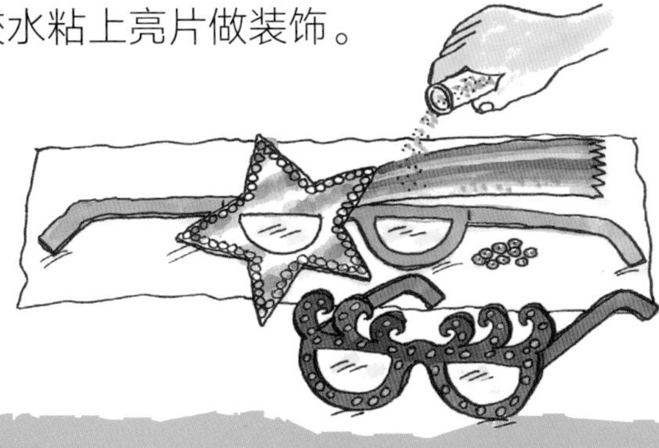

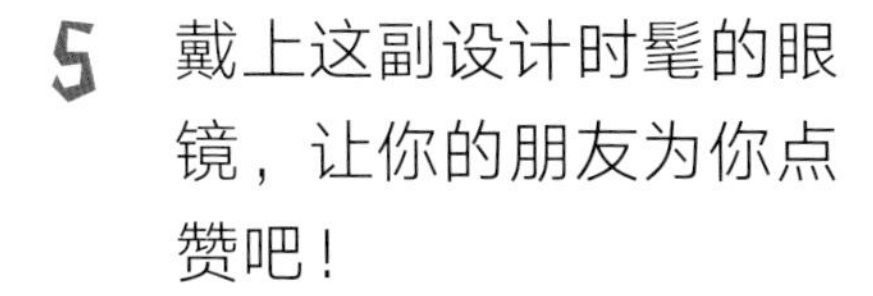

5 戴上这副设计时髦的眼镜，让你的朋友为你点赞吧！

光子

光子是光的小型能量包。光子是科学家解释光如何工作的一种方式，另一种方式是光波。光可以作波状运动，就像你把东西扔进水池里时产生的波一样。总之，光可以以光子（光的能量包）或光波的形式传播。

光缆中的每一缕光纤都携带光脉冲来发送信息。

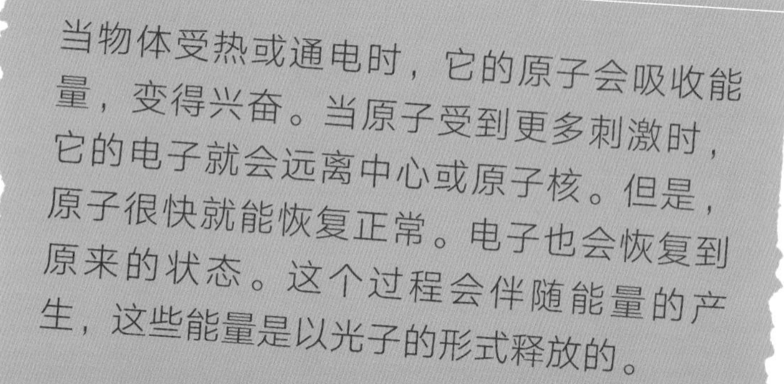

当物体受热或通电时，它的原子会吸收能量，变得兴奋。当原子受到更多刺激时，它的电子就会远离中心或原子核。但是，原子很快就能恢复正常。电子也会恢复到原来的状态。这个过程会伴随能量的产生，这些能量是以光子的形式释放的。

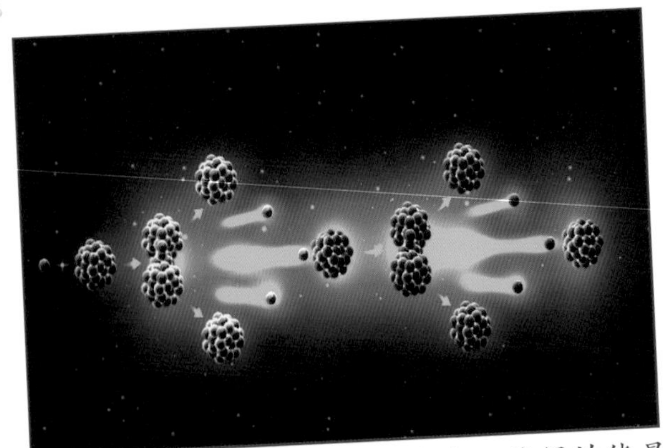

兴奋的原子以光子的形式喷出已获得的能量。

光谱中可见光的颜色都是以光子的形式通过这种方式发出的。不同颜色的光的光子有着不同的能量。比如，红色光的光子比紫色光的光子能量少。

红色的荧光灯使用红色光的光子。

制作荧光花瓶

请准备好下列物品：

- 塑料瓶
- 剪刀
- 细绳
- 一次性容器
- 荧光颜料
- 手工白胶
- 画刷

1 取一只塑料瓶，剪去瓶颈中上部。将瓶口每隔一段距离垂直剪一刀，向外弯曲剪出的塑料条，形成花瓶的边。

2 剪几段细绳。将绳子分别浸泡在荧光颜料中。之后取出绳子晾干。

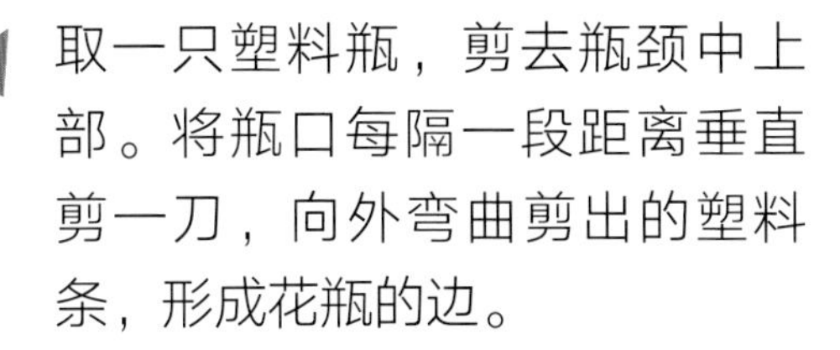

3 用刷子在瓶子上刷满白胶。用绳子缠绕瓶身，将不同颜色的绳子交叉使用，组成绚丽的拼色条纹。

4 荧光花瓶制成了！你可以用它来放置荧光棒、荧光吸管等。

托马斯·爱迪生

一位伟大的发明家！

爱迪生小时候只上过几个月的学。他的大部分学习时光都是在家里度过的，他的母亲承担了教师的角色。他喜欢读科普类书籍。

当爱迪生还是个孩子的时候，他就开始工作了。大干线铁路就在他家附近，他向车上的乘客兜售糖果和报纸。

15岁时，他成为一名电报员，通过新的电报系统发送和接收电报信息。

但他从来没有停止通过拆零件来探究机械的工作原理的活动。后来，他不仅改进了别人的发明，还开始了自己的发明事业。

当爱迪生致力于传送声音的发明时，电弧灯的发展也取得了巨大的进步。电弧灯的光来自于两个导体之间产生的弧形电火花。

爱迪生在他的实验室工作。

电弧灯用于道路照明很合适，但用于家庭照明，它实在太刺眼了。爱迪生认为，或许有什么办法能减少燃烧器内弧光的强度。

电弧灯仍然被使用于隧道中，以便大角度投射光线。

经过多次试验后，一款真空玻璃灯泡（空气被抽走的灯泡）诞生了。当电流通过灯泡内部的一根微小的碳丝时，灯泡就会发光。就这样，爱迪生发明了电灯泡。

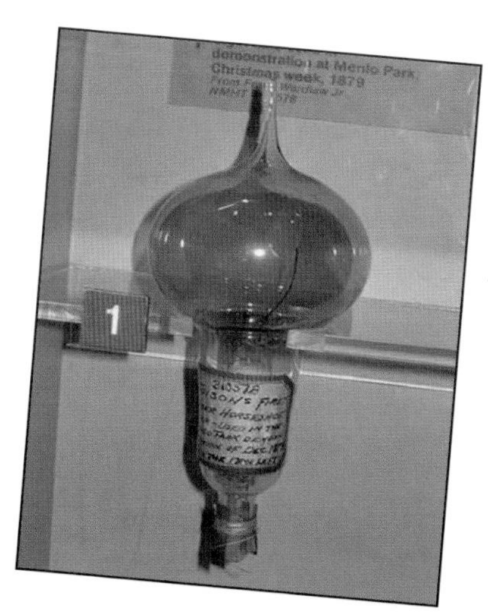

爱迪生研制的第一个成功的灯泡模型。

激光

激光器是一种能发射高质量、明亮、强大光束的装置。激光器按工作介质可分为不同的类型，其中固体激光器是极为常见的一种。固体激光器由透明的晶体或玻璃作为基质材料，并掺入激活离子或其他激活物质。固体激光器的一端是一面镜子（反射率非常高），另一端是一面带孔的能实现部分反射的镜子（反射率低一些，是激光的输出端）。

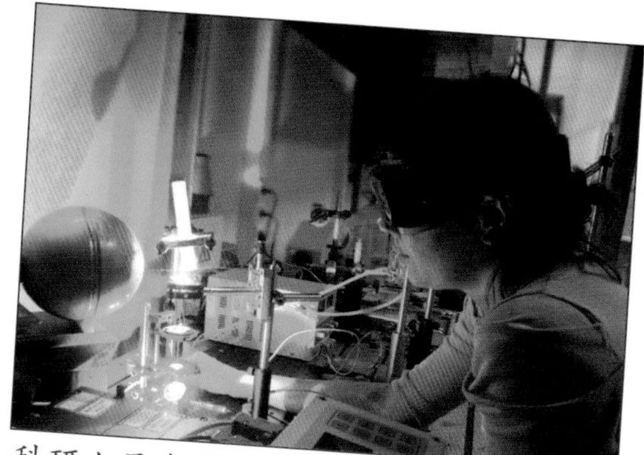

科研人员在实验室里制造激光束。

当光射入晶体时，组成晶体的原子就会变得不安或者四处移动，并以光的形式释放出更多的能量。这些光被闪光管两端的镜子反射，使其他原子释放光能。大部分已经形成的光以激光束的形式从闪光管的末端发出。

激光照亮了新加坡一座建筑物的上空。

激光有许多用途，包括在外科手术中切割人体组织、扫描条形码，以及用作武器中的测距仪。全息图是由激光产生的一种特殊的图像。因为图像是三维的，所以物体看起来是立体的。如果你从不同的角度看全息图，就会看到不同的景象——就像在观看一个立体物。

用来设计和检查汽车各零件的全息图。

单色光

激光是一种非常强的光束。它不同于普通的光，因为它的发散（传播）性低，而且是单色的——这意味着它只由一种颜色组成。

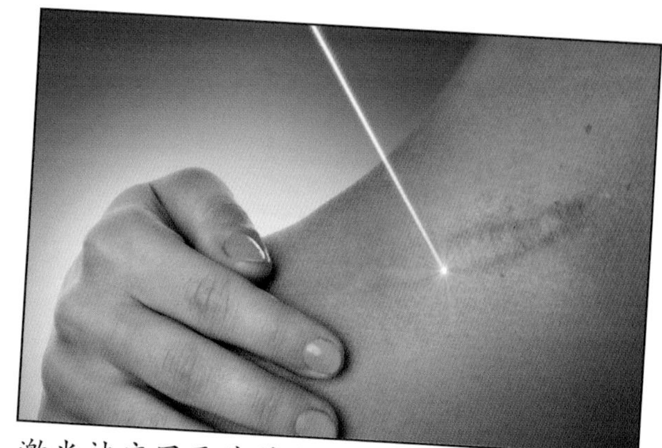
激光被应用于外科手术。

大多数光传播得很快。例如，火炬发出的光会散开，覆盖一大片区域，只经过一小段距离就消失了。激光在更窄的光束中移动，即使在很长的距离内也很少扩散。

手电筒发出的光扩散开来，这对深海潜水很有用。

光由电磁波组成，每一种颜色都有一个特定的波长，即每个波峰（波谷）之间的长度是特定的。普通光线由许多波长和颜色组成，以白光的形式出现。激光是由同样波长的光组成的，所以它的传播是同步的，并且以单一的颜色出现。

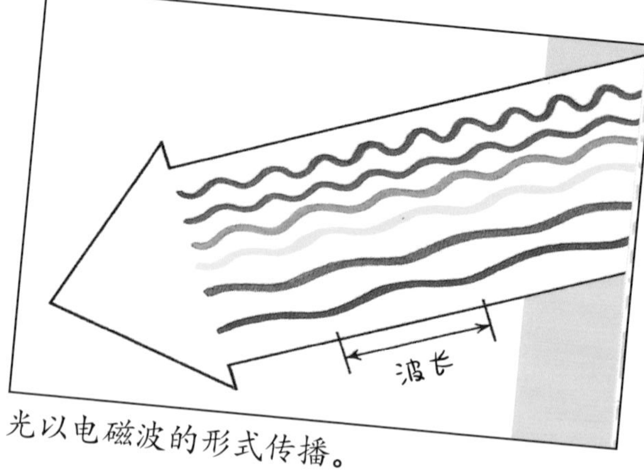

光以电磁波的形式传播。

制作灯光秀

请准备好下列物品：

- 鞋盒盖
- 剪刀或工艺刀
- 硬纸板
- 纸
- 贴纸
- 布片
- 黑卡片
- 竹签
- 手电筒
- 手工白胶

1 在鞋盒盖的中央剪一个大洞，作为屏幕框。然后，取一块硬纸板，剪下一个长条，如图所示，折叠成框，与屏幕框连接。在长条框的两侧各开一条缝，以便从这里插入纸偶。

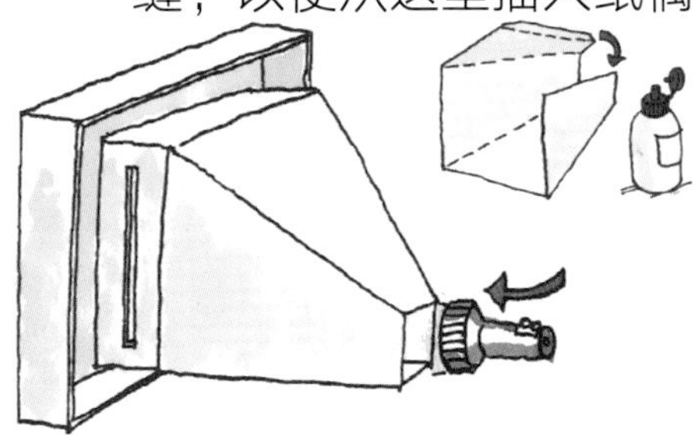

2 取一块硬纸板，折成锥形，贴在长条框后面，形成一个光室。在光室的远端留一个洞，以便在这里放手电筒。

3 用纸封住屏幕框，做一个屏幕。粉刷和装饰盒子，并装上布片当帘子。

4 用黑卡片剪出各类纸偶形象，并粘贴在竹签上。

5 把纸偶从侧缝里推进去，打开手电筒——现在开始表演吧！

术语表

凹
向内弯曲形成中空的形状。应用于透镜使光线向外弯曲。

波长
一个电磁波的波峰（波谷）与下一个波峰（波谷）之间的距离。

电磁波
其辐射波包括光、无线电、X射线和伽马射线等，它们构成了电磁频谱。

反射
光波或声波撞击物体时改变传播方向的现象。

发散
（光线等）从同一点向不同方向延伸的现象。

光子
光粒子。当光表现得像一股粒子流而不是一股波时，科学家就叫它“光子”。

激光
一种非常强的光束，被称为“最快的刀”“最准的尺”“最亮的光”。激光已被用于医疗、工业和文娱表演中。

视网膜
在眼球后部的一层特殊细胞。光通过晶状体聚焦在视网膜上，然后由视网膜转换成信号发送到大脑。

透镜
被磨成两边向内或向外弯曲的玻璃片或塑料片，用于弯曲光线。

凸
向外弯曲形成山丘的形状。应用于透镜使光线向内弯曲。

折射
光从一种介质射入另一种介质时，传播方向发生改变的现象。

谱
按照事物类别依次排列的记录方式。

光波
能量的一种类型。通常指可见光，即人类肉眼可见的电磁波。可见光的波谱位于电磁波的光谱中央。

你能使铅笔弯曲吗?

1 取一只玻璃杯，装入半杯水。把铅笔斜放在玻璃杯里，笔身靠在杯口处。

2 从杯口向下观看水中的铅笔。

铅笔好像弯曲了！

3 现在，把铅笔从水里取出来。铅笔还是笔直的！

空间物理篇
飞上神秘太空

绕地球飞行

列奥正在做梦。他经常梦到自己或者进行惊人的冒险，或者参观惊人的地方，或者发明惊人的机器。今天，这三样，他全梦到了。

列奥梦到他乘坐自己最新发明的一款宇宙飞行器，绕着地球飞行，开启了一场惊人的太空冒险。

坐在控制室里，列奥让飞行器沿着自己设定的轨道（圆形轨道）环绕地球飞行。它的速度飞快，后来，地球也赶上了这个速度，以同样的速度自转。因此，列奥可以留意下面的风景了。

当然，列奥看不到帕拉斯，因为帕拉斯蜷缩在地洞（列奥和帕拉斯的小窝）里的床上，在下面很远很远的地方。不过，列奥可以看到下面聚集了大量的乌云……

轰隆！——一个炸雷惊醒了他。

帕拉斯奇思妙想

- 如果行星可以绕太阳公转，月球可以绕地球公转，那么，列奥应该效仿它们的做法。
- 飞行器可能会同样沿着自然轨道飞行。
- 也许飞行器会被重力和速度控制在自己的轨道上。

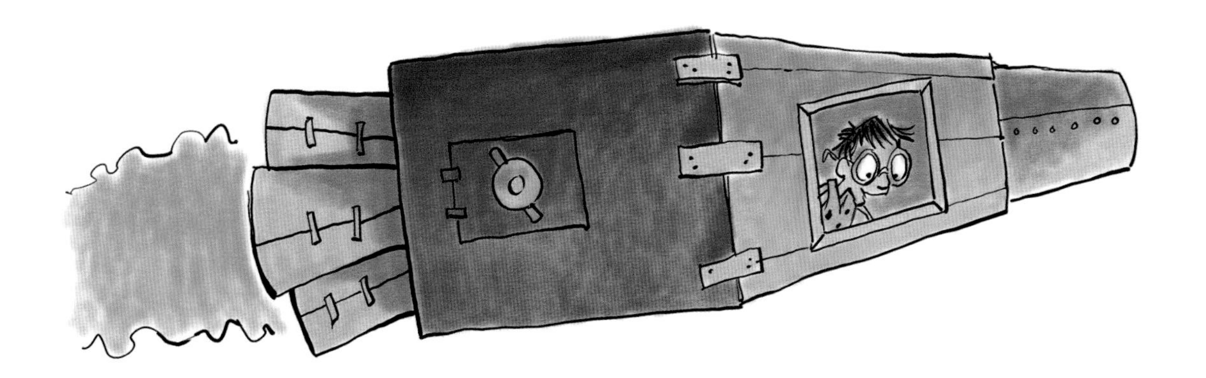

人造卫星是指绕地球或其他行星飞行并在空间轨道运行的无人航天器。人造卫星是靠具有巨大推力的巨型多级火箭送上太空的。

“斯普特尼克1号”是世界上第一颗人造地球卫星，它于1957年10月4日进入轨道。

“电星1号”是通信卫星，发射于1962年，它首次向大西洋对岸发送了电视直播画面。从那时起，数千颗卫星被发射到了太空。

人造卫星是发射数量最多、用途最广、发展最快的航天器。它用途广泛，包括天文实验和观测、通信、遥感、天气预报及军事侦察等。

卫星轨道

轨道是一个物体在空间中环绕另一个物体运转的路径。沿着轨道飞行的航天器称为人造卫星。科学家把人造卫星送入轨道，让它们像天然卫星一样运转。卫星轨道有3种主要类型。

地球同步轨道上的卫星可以转播电话等电信数据。

地球同步轨道上的人造卫星能够始终保持在地球上空某个特定的位置。这类卫星位于地球上空约36000千米处，它以与地球自转相同的速度和方向绕着地轴运行。正因为如此，它看起来就像在地球上方不动一样。一般通信卫星、广播卫星选用这种轨道。

经过北极上空的人造卫星。

极地轨道上的卫星会经过南极和北极上空，但总是在每天的同一时间经过赤道。随着卫星飞越所有纬度，它可以收集全球范围内的数据。气象卫星、地球资源卫星、侦察卫星常采用此轨道。

一般认为，近地轨道距离地球约2000千米以内。由于距离地面较近，对地观测卫星、测地卫星等多采用此种轨道。

近地轨道上的卫星。

制作一颗“外星人”卫星

请准备好下列物品：
- 气球
- 报纸
- 手工白胶
- 厚纸板
- 细绳
- 牙签
- 剪刀和工艺刀
- 颜料和画刷
- 荧光笔
- 银色闪光粉
- 电线
- 钢笔
- 黏土或橡皮泥

1 先制造一颗“行星”：吹出一个又大又圆的气球，在上面覆盖几层在兑过水的白胶中浸泡过的报纸条，然后晾干。

2 把细绳系在牙签中部。将牙签从“行星”的顶部插入气球，再把绳子往回拉（牙签会把绳子固定住）。

3 在“行星”顶部的报纸层切出一个星星的形状，形成一个“坑”。在“坑”里涂上颜料和胶水，撒上闪光粉，然后晾干。

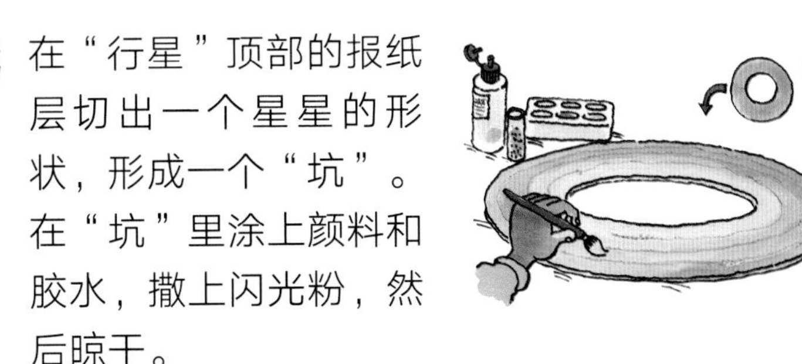

4 取一块纸板，剪下一个圆环，以正好可以套在“行星”上的大小为准。用颜料和荧光笔装饰一番。

5 将4根牙签均匀地摆放在圆环的内圈，然后把圆环套在行星外，并用钢笔标出牙签的位置。将牙签的一端插入“行星”。在圆环上标记的牙签处开槽，然后将牙签的另一端卡入槽，并用胶水固定住。

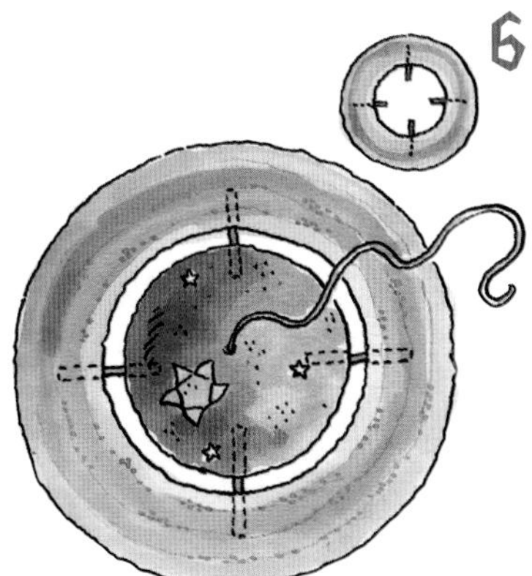

6 用黏土或橡皮泥捏出一个外星人，把他“扔”进“坑”里。

飞入太空的N种难题

列奥正在追逐自己的梦想。一天早上，他决定建造一艘宇宙飞船，但还是有一两个大问题需要克服！

太空中没有空气，所以没有氧气可供呼吸。温度可能很低，也可能很高，这取决于你是向太阳飞去还是离太阳越来越远。

要使宇宙飞船离开地面进入太空，需要一股巨大的力量。但这股力量可能会太大，让航天员无法承受。

返回地球将和进入太空一样危险。宇宙飞船再入大气层的速度会非常快，它会被加热到几千度。着陆时一定要足够轻柔，否则，宇宙飞船一接触地面，航天员就可能会被摔死。

宇宙飞船是一种运送航天员、货物往返太空的航天器。早期的宇宙飞船只能容纳坐在弹射椅上的航天员。如果发射时出了问题，弹射椅就会将航天员弹出。

1961年4月12日，由苏联设计制造的“东方号”宇宙飞船成功发射，这是世界上第一个进入外层空间的载人航天器。“东方号”绕地球飞行108分钟后，安全返回地面。当宇宙飞船返回地球大气层时，航天员被一个防护罩保护着避免受热。在一个精确的高度，宇宙飞船释放降落伞来减速。

地球大气层之外的空间有时被称为外太空。天文学家一般将其定义为距地球表面约1000千米之外的空间。行星之间的空间称为行星际空间。恒星之间的空间称为恒星际空间。这里包含许多奇怪的物体，例如气体云。

列奥设想，他造的宇宙飞船必须包括一个让他温暖和安全的小容器。这就是一个小小的座舱，仅需装下他和帕拉斯。座舱里面一定要温暖，要有氧气可供呼吸。

到月亮上去逛逛

列奥的计划进展得很顺利。他已经设计好了宇宙飞船和保证他跟帕拉斯安全旅行的座舱。

但是，如果他们想在某个地方着陆，会发生什么呢？——比如，登上月球？

“我们需要一种交通工具，能让我们悬停在目的地上空，然后轻轻地降落。”列奥说，“它需要有巨大的轮子，以便能在崎岖不平的目的地表面行驶，还要带有照相机，用来拍照。”

帕拉斯
奇思妙想

- 我们需要一个枕头来平缓着陆。我们不想在颠簸中着陆。
- 这种交通工具的每个角上都应装有轮子，这样我们才能在目的地表面向任何方向行驶。
- 这种交通工具必须开得很慢，这样才能不影响我睡觉。

“月球探测远程控制机器人”，现俗称“月球车”，是一种在月球表面行驶并对月球进行考察和收集分析样品的专用交通工具。月球车由电动机驱动，一般有4个轮子。1970年11月，苏联发射的无人驾驶的“月球车1号”成功降落在月球上，成为世界上第一个月球车。1971年7月，美国“阿波罗15号”进行了人类首次有人驾驶的月球车行驶。

月球车的外胎不能是普通的橡胶，而是由钢琴线编制的，这样不但能承受温度变化，还能加大摩擦力。目前所知，有人驾驶的月球车的时速可达十几千米，航天员们乘月球车可实现在距离登月舱7.6千米的范围内活动。

月球车可以搭载航天员及维持他们生命的物资和科学探测仪器。在未来，月球车将更加轻便，载重能力更强，一次充电后可行驶的距离更长。

月球

月球是地球的天然卫星，也是人类在太空中唯一到上面行走过的天体。月球每27天7小时43分11秒环绕地球公转一周。

月球车行驶在月球表面。

月球的自转周期与其公转周期是一样的，所以在地球上永远只能看到月球的一面。直到一艘苏联宇宙飞船环绕月球并拍照后，我们才看到月球的背面是什么样子。

一艘苏联宇宙飞船环绕月球轨道飞行，拍摄了第一张月球背面的照片。

关于月球诞生的问题，历来众说纷纭。如今，大多数人相信“大碰撞说”，即地球在其历史早期被一个巨大的物体撞击，从地球炽热的表面喷溅出的物质在其周围形成了一个圆环，圆环的碎片合并（结合在一起），形成了月球。

关于月球的诞生，现在人们相信“大碰撞说”。

物理学家专用术语 °°°° 卫星 °°°° 公转 °°°° 自转 °°°°

制造月球车

请准备好下列物品：

- 剪刀和工艺刀
- 3个纸筒
- 铅笔
- 泡沫板
- 手工白胶
- 竹签
- 卡片和厚纸板
- 小纸箱
- 塑料盖
- 细铁丝
- 吸管
- 瓶盖
- 瓦楞纸
- 锡纸
- 铜线
- 颜料和画刷

1 将3个纸筒分别横切成两半，做成6只轮子，并用瓦楞纸绕轮子贴一圈。取6张卡片分别剪成圆盘状。在每只轮子的一端粘上一个圆盘。

2 在每只轮子里放一块泡沫板。用3根竹签作轴，在每根竹签的一端装上一只轮子，并用白胶固定住。

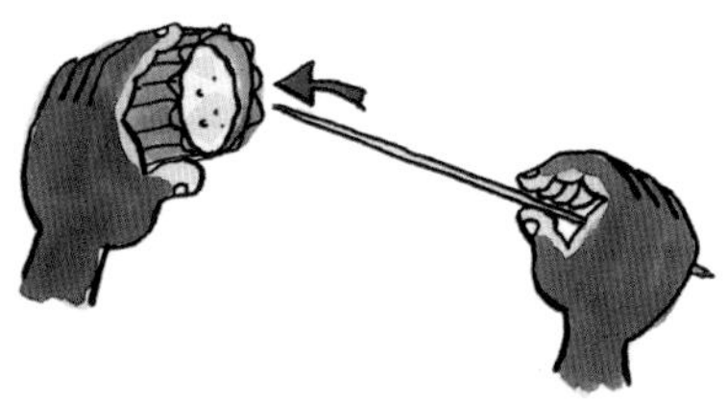

3 在厚纸板上打3个间隔均匀的孔，将轴穿过这些孔，把剩余的3只轮子固定在轴的另一端。

4 用粘在一起的小纸箱和塑料盖构成车身主体。

5 用细铁丝缠绕吸管，制作3根探针。将细铁丝拧成爪状，与其中一根探针连接；将另一个探针固定在瓶盖上；用锡纸装饰卡片，并固定在第三根探针的顶端。

6 将探针固定在车身主体上。涂上颜料，装饰一番吧！

探测器开路

帕拉斯正在大发牢骚。它只是不想乘坐列奥的宇宙飞船。列奥告诉帕拉斯，很多动物都上过太空，没有一个像它这样大惊小怪的。

不过，如果帕拉斯真害怕的话，他们也可以不亲自进入太空。他们可以发射一艘无人驾驶飞船，在飞船上安装一个探测器。探测器里装满各种各样的仪器，用来记录旅程和探测到的东西。

他们甚至可以建造一个能在某处着陆的探测器。它携带的仪器将从着陆地表面采集样本，测量大气并拍摄地形照片。

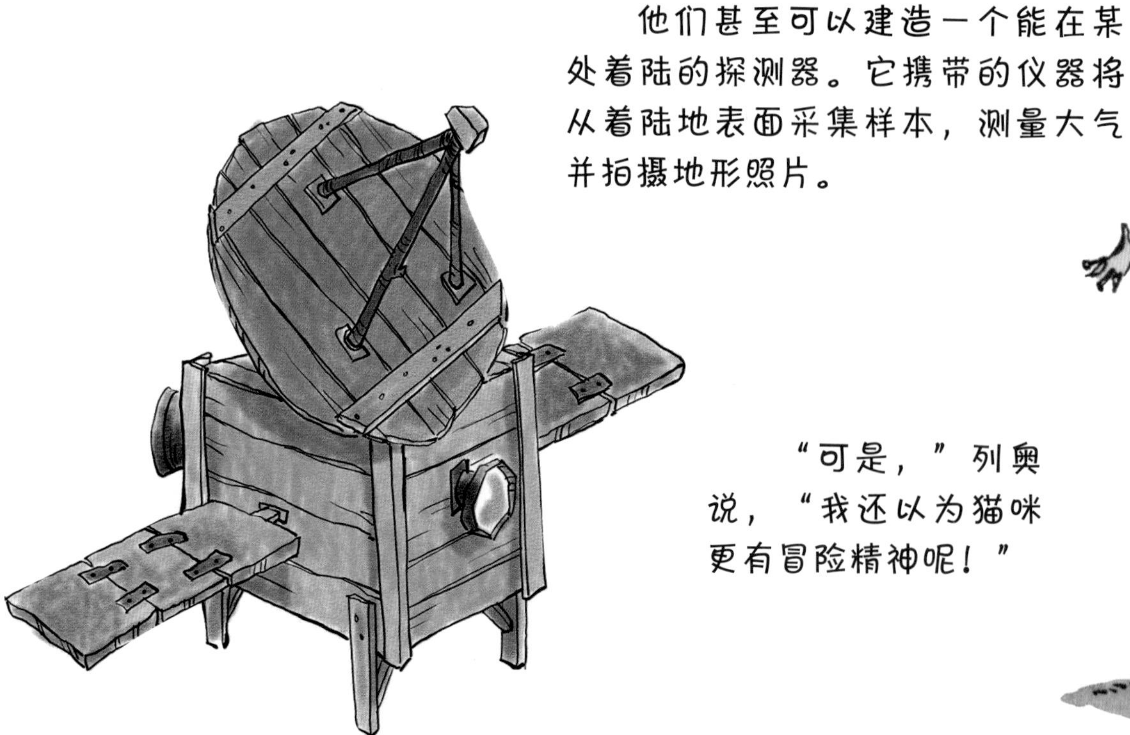

“可是，”列奥说，“我还以为猫咪更有冒险精神呢！”

空间探测器

空间探测器使用不同的能量进入太空。火箭的能量通常被用来把探测器送入轨道或送往月球。在太阳系中，探测器可以利用太阳能（来自太阳热量的能量）推动它们前进。一旦进入外太空，探测器有时会利用核能来继续前进。

著名的“水手号”探测器从火星发回了第一批照片。

“旅行者号”探测器是1977年美国发射的两颗行星探测器。它们巧妙地利用巨行星的引力作用，使它们适时改变轨道，从而达到同时探测多颗行星及其卫星的目的。事实上，它们探测了木星、土星、天王星和海王星，发回了数以亿计的数据，取得了巨大的成就。目前，它们仍在向宇宙深处进发。

“旅行者号”探测器在穿越太阳系的途中经过了土星及其卫星。

科学家们认为，在未来的某个时候，探测器可能会被外星人发现。因此，每个“旅行者号”探测器还携带一张特殊的镀金唱片——“地球之音”，上面录制了有关人类的各种音像信息。

一个在轨道上运行的探测器。

院子里的“大碗”

列奥正在用他制造的望远镜看星星。他想尽可能多地了解夜空中的恒星和行星。他的长管望远镜两端都有透镜。镜头足够强大，可以看到星座。

但他觉得这还不够！

他需要一款真正强大的望远镜，一款能清楚地放大恒星和行星的望远镜。不幸的是，他的望远镜不得不依靠从很远的地方以光波的形式传到地球的光。

但是，如果这些遥远的恒星也发出其他信号，而不仅仅是光波，会怎样呢？也许从一开始就有其他的波呢。列奥需要找到答案。

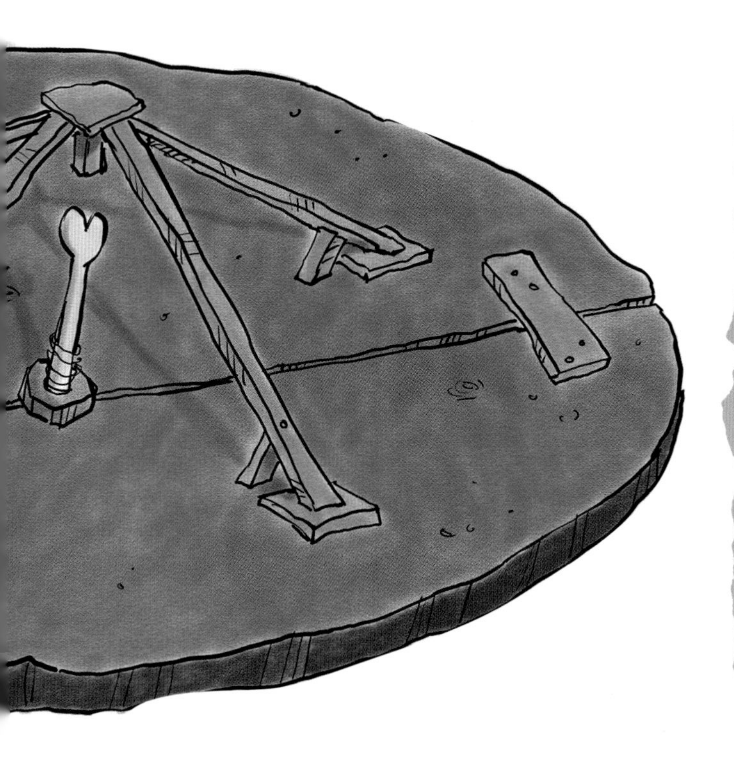

射电望远镜用来收集来自太空的无线电信号。射电望远镜非常大，这是因为无线电波比可见光光波的波长长。大多数射电望远镜使用抛物面天线来接收电波。

天线好比射电望远镜的眼睛。它要把微弱的宇宙无线电信号收集起来，然后传送到接收器中。这些信号通过接收器被放大或增强。然后，接收器把它们的强度和频率，或者每秒内无线电波的数量，作为数据传给后端的计算机记录下来。

最后，天文学家分析这些数据，得到遥远天体的信息。

列奥在他的院子里建了一个巨大的望远镜，用来接收来自太空的无线电波。

一个大碗形状的反射器将波聚焦在天线上。计算机以电信号的形式记录这些波，并可以将这些电信号绘制成图像。

宇宙深处

射电望远镜使天文学家们得以发现一些宇宙奥秘。他们发现，快速旋转的中子星会发出有规律的无线电波。他们还了解到，许多类似暗星的物体（可能是星系）也发射了大量的无线电波。他们称这些中子星为“脉冲星”，称这些暗星体为“类星体”。

射电望远镜接收到来自太阳和星系中心的强大的无线电波。

脉冲星是超新星爆炸后遗留下来的物质。它在太空中快速旋转，并同时发出无线电波。脉冲星有短而稳定的脉冲周期，就像人的脉搏一样。

通过射电望远镜发现的蟹状星云。

类星体是一种中心区域明亮的星系，位于遥远的太空中。和可见光一样，许多类星体也发出强烈的无线电信号。我们接收到的信号可能在几百万年前就离开了类星体。

类星体发出强烈的无线电信号。

制作雷达

请准备好下列物品：

- 炒锅或浅碗
- 保鲜膜
- 报纸
- 手工白胶
- 塑料桶
- 可弯曲的电线
- 颜料和画刷
- 瓶盖
- 细纸筒

1 在锅或碗里铺上保鲜膜。用白胶兑水浸泡报纸。然后用报纸覆盖锅或碗。把这个“碟子”形状的接收器晾干。

2 在“碟子”中央戳两个孔。取一个塑料桶，在它的上半部分戳两个类似的孔。如图所示，将电线通过孔穿过“碟子”和塑料桶。把电线扭紧。给“碟子”涂颜料。

3 用瓶盖和一个细纸筒做雷达指针。

4 用4根长电线缠绕指针，然后将每根电线向外弯曲，形成“辐条”。把“辐条”粘在“碟子”边缘，这就是“雷达”。

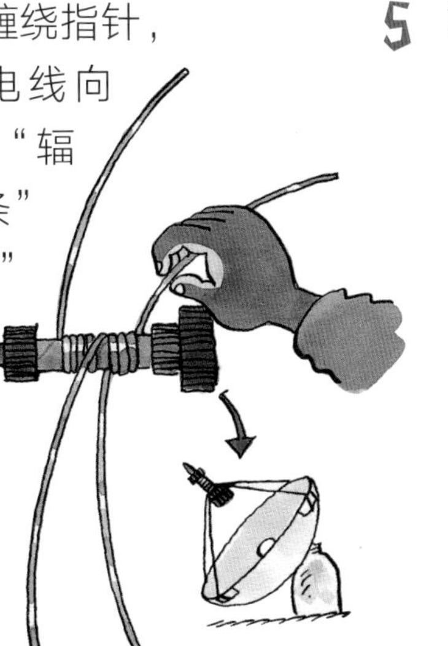

5 涂上颜料，装饰一番。

有一颗星叫帕拉斯

“恒星发出的光，”列奥告诉帕拉斯，“是一种非常特殊的东西。它可能看上去像光，但它会告诉你这颗恒星是由什么构成的。”

“假设一下，”列奥说，“你是一颗恒星，叫作‘帕拉斯’。你发出的不同颜色的光会告诉我你是由什么构成的。你的皮毛会发出一种光，你的脂肪会发出一种光，你吃下去的那些骨头也会发出一种光。”

“然后，”列奥说，“你每移动一次，就会发出一种不同的光。我就会知道，你是在捕鼠，还是在追逐小鸟，还是在做你最常做的事情——打盹睡觉。”

摄谱仪是一种用来捕捉和分解光的仪器，这些光通常来自恒星。摄谱仪把光按照不同的颜色分解成光谱。相纸摄谱仪使用的“感应器”是相纸。棱镜摄谱仪以棱镜为色散元件。

棱镜摄谱仪只允许一小束光穿过狭缝射入，然后通过一个特殊的透镜，分成两条平行的射线。

这些射线要穿过棱镜，在棱镜中，光再次被分解成光谱。然后，你可以对光谱进行分析，以确定恒星是由什么构成的。

光谱学

天文学家通过观察和分析光来获取更多关于空间物体的信息，比如恒星和尘埃云。分析光的科学叫作光谱学。光谱学的研究历史已有三百多年了。

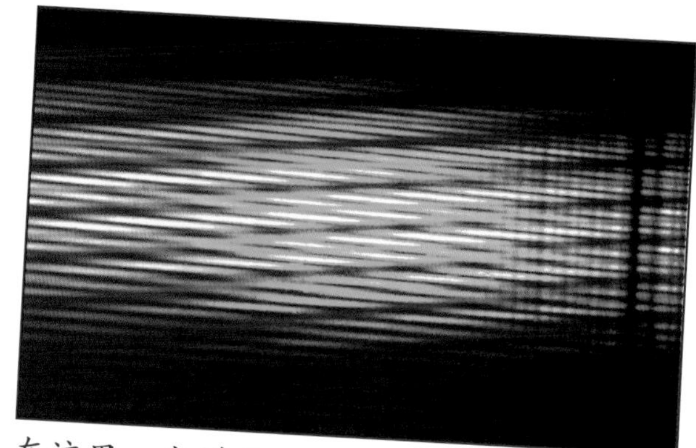

在这里，光谱学用于探索“年轻”恒星周围行星形成的区域，以及星系中黑洞周围的区域。

光谱学使用摄谱仪将白光（来自太阳和其他来源的光）分解为不同的波长及颜色。颜色的排列范围叫作光谱。

光谱学还可按单独的波长将其他类型的射线（例如红外线）分解开。

按照光与物质的作用形式，光谱一般可分为吸收光谱、发射光谱、散射光谱等。

摄谱仪将白光分解为不同颜色的光。

光谱学可以鉴别构成恒星外层气体的原子类型。它还可以识别行星大气层中的分子。天文学家有时利用光谱学来研究恒星或行星的运动。

光谱学用于显示其他行星上的不同矿物。

制作光谱观察仪

请准备好下列物品：

- 剪刀
- 工艺刀
- 中型浅盒
- 透明胶片
- 2只塑料杯子
- 彩色糖果纸
- 瓦楞纸、亮片
- 硬质塑料食品托盘，大到可以盖住眼睛和鼻子
- 长而粗的橡皮筋
- 手工白胶
- 颜料和画刷

1 将中型浅盒的6个面切成右图的样子，只留下框架。

2 如图所示，用透明胶片糊住浅盒的4个窗口。

3 切去两只杯子的底部，粘上彩色的糖果纸。将两只杯子粘在窗框中未贴胶片的一端，制成目镜，如图所示。用颜料和亮片把目镜装饰一番。

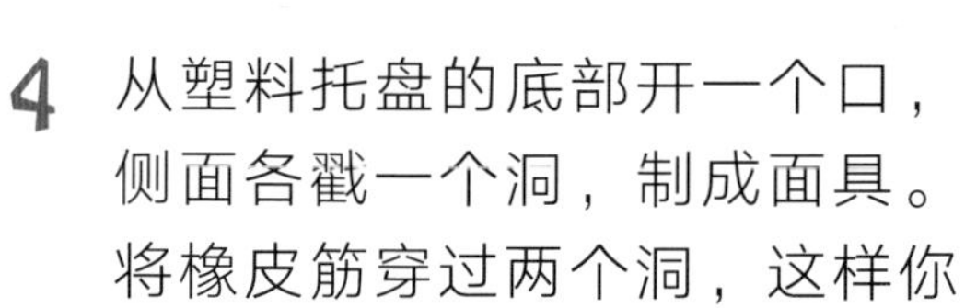

4 从塑料托盘的底部开一个口，侧面各戳一个洞，制成面具。将橡皮筋穿过两个洞，这样你就可以把面具戴在头上了。

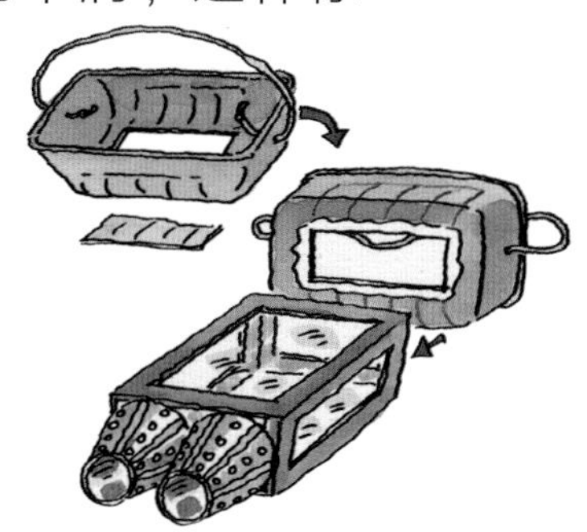

5 将框架和目镜如图所示粘在塑料面具的前面，再用瓦楞纸装饰一番。

罗伯特·戈达德

一位伟大的发明家!

罗伯特小时候对大自然充满了好奇。他用爸爸的望远镜研究天空，观察鸟儿飞翔。

爸爸向他展示如何在家里的地毯上产生静电，这大大激发了这个5岁孩子的想象力。

他真正迷上飞行，是从放风筝及后来放气球开始的。他发现，设计上的小小改变也能改变风筝或气球的飞行方式。

当他读到赫·乔·威尔斯的科幻小说《世界大战》时，他就憧憬着自己也能成为太空飞行故事中的角色。

罗伯特·戈达德是天才的物理学家和发明家，他发明并制造了世界上第一枚液体燃料火箭。戈达德在1926年发射了这枚火箭，拉开了太空飞行的序幕。

罗伯特·哈金斯·戈达德

还在上大学时，他就开始写关于使用液体燃料而不是通常的固体燃料来驱动火箭的文章。他认为，将液氢与液氧一起使用会使火箭更高效。1925年，他在实验室里对一台使用液体推进剂的火箭发动机进行了实验。

罗伯特·戈达德准备发射第一枚液体燃料火箭。

1926年，戈达德发射了第一枚液体燃料火箭。这枚火箭使用了汽油和液氧。随着这次发射，液体燃料火箭时代就此拉开序幕，由此导致了强大的“泰坦”系列和“土星号”火箭的诞生。

到20世纪30年代中期，戈达德的火箭以每小时1191千米的速度打破了声障，并飞到了2.7千米的高度。

有趣的火箭鼻子

列奥虽然制造了一枚火箭（他对此感到非常自豪），但他知道，这东西飞不远，进入不了太空，因为它没有足够的能量。如果他想乘坐火箭进入太空，甚至登上月球，那就需要巨大的动力和推力。

“我的火箭还需要一个部分，那就是它的鼻子。鼻子是位于火箭下方的第二个巨大的房间，用来容纳和燃烧燃料。当燃料用完后，火箭鼻子就会落回地面。”

帕拉斯
奇思妙想

- 如果一枚火箭可以带列奥飞一段距离，为什么他不用两枚火箭带他飞两倍的距离呢？
- 或者用三枚火箭带他飞得更远？
- 或者，用更多火箭把列奥送得远远的，让帕拉斯安静一会儿呢？

“我需要的是一枚能飞得更久的火箭。但是燃料太重了，如果我再加一点儿燃料，火箭就根本飞不起来了。”

多级火箭由两个或两个以上的节段组成，每个节段是一级。每一级都有一个火箭发动机和推进剂（或燃料混合物）。

三级火箭可以增加动力摆脱地球引力。第一级发射火箭。等到燃料全部耗光之后，第一级就会自动脱落，第二级接替这一任务。有些火箭装有助推器，以便在发射时给主火箭以推力。

这个过程在反复进行，直到一级又一级的燃料全部耗光。

列奥的新火箭是一款多级火箭。它一共有三级。

每一级都有发动机和燃料。

每一级燃料用完后，这一级就会自动脱落，然后由下一级接替工作。

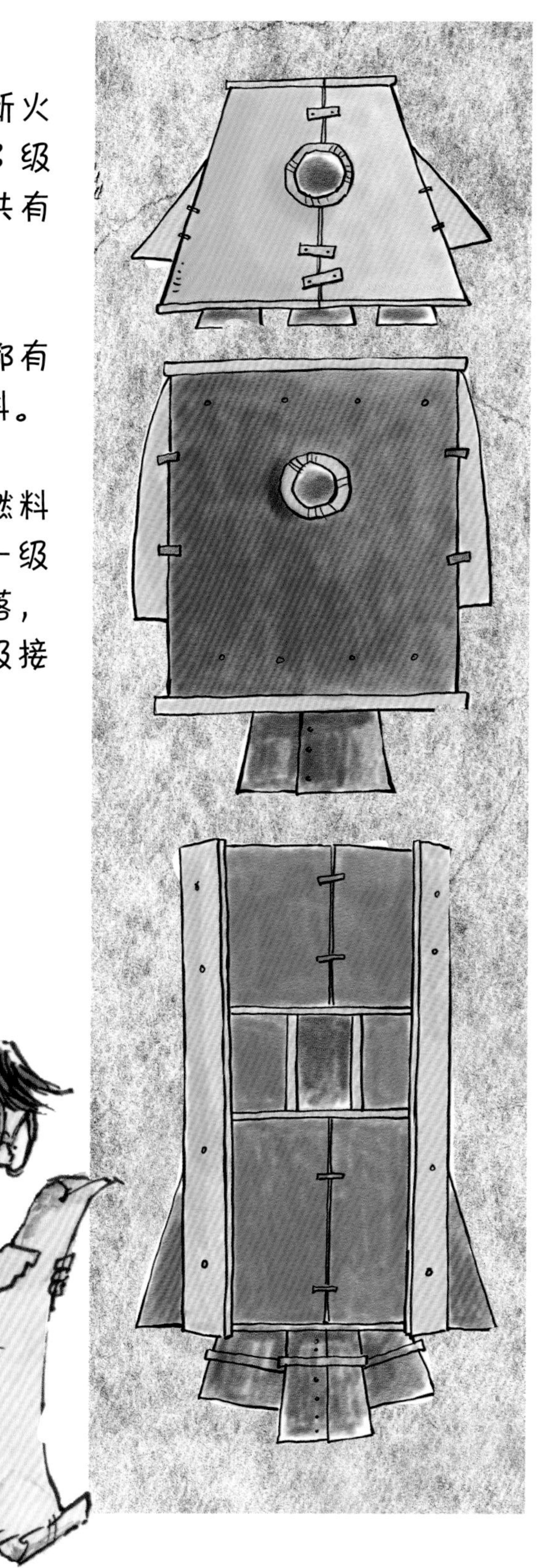

燃 烧

火箭燃料是在燃烧室中燃烧的化学物质的特殊混合物。燃烧会导致气体迅速膨胀，并从火箭尾部喷出。火箭被作用在燃烧室顶部的力推着向前进。

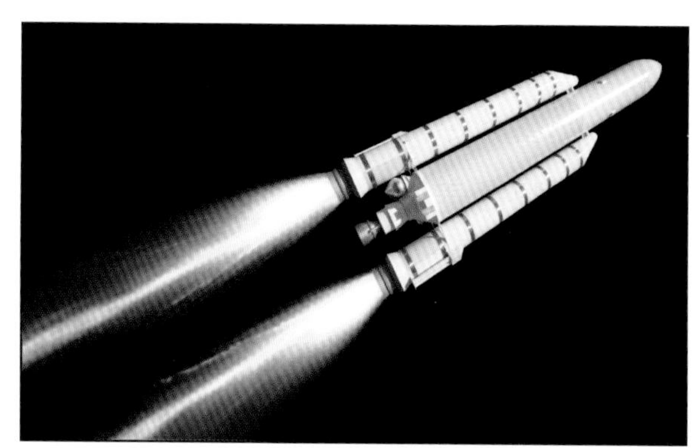

燃烧使火箭向前推进（发射出去）。

如果只需燃烧就能发动火箭，为什么不用大型汽油发动机，甚至喷气发动机呢？问题是，没有氧气就不可能发生燃烧。汽油发动机和喷气发动机必须从大气中获取氧气，所以，在没有氧气的太空中，它们根本发挥不了作用。

这是火箭发动机，燃烧室所在的地方。

火箭发动机以氧化剂的形式携带氧气。氧化剂与燃料在燃烧室中混合。液体燃料火箭，比如“土星号”火箭，携带了与液氢等燃料混合的液氧罐。

液体燃料火箭携带供燃烧用的氧气罐。

制作三级火箭

请准备好下列物品：

- 胶管喷嘴
- 塑料瓶盖
- 软木塞
- 手工白胶
- 卡片
- 剪刀和工艺刀
- 3个硬纸筒：大型、中型、小型
- 细绳
- 全息胶带
- 颜料和画刷

1 将胶管喷嘴、瓶盖和软木塞粘在一起，制成火箭喷嘴。

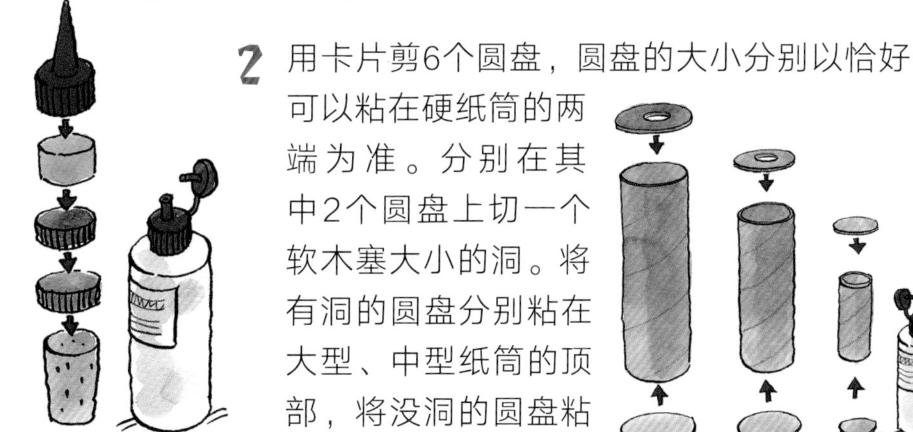

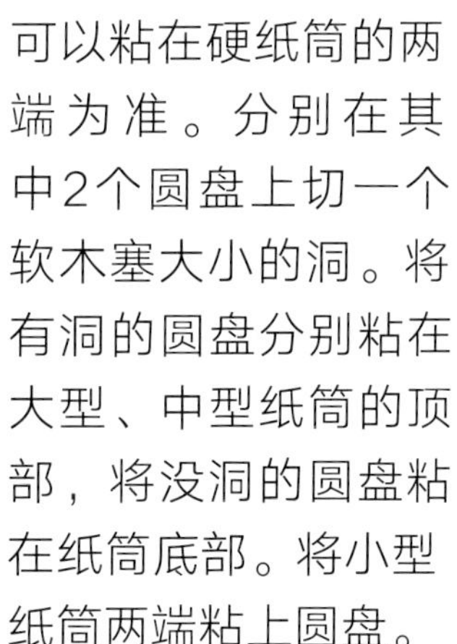

2 用卡片剪6个圆盘，圆盘的大小分别以恰好可以粘在硬纸筒的两端为准。分别在其中2个圆盘上切一个软木塞大小的洞。将有洞的圆盘分别粘在大型、中型纸筒的顶部，将没洞的圆盘粘在纸筒底部。将小型纸筒两端粘上圆盘。

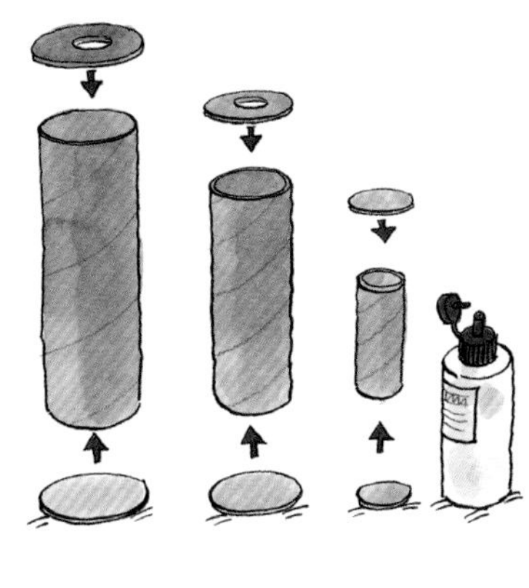

3 用白胶将软木塞粘在小型纸筒和中型纸筒的底座下面。用卡片做一套襟翼，粘在每个纸筒上。

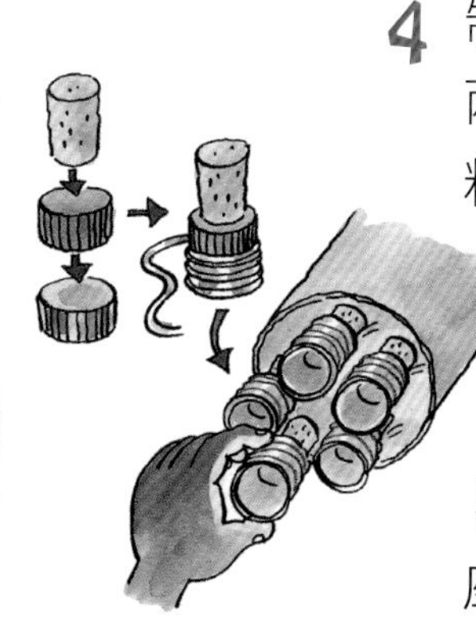

4 制作火箭推进器：先把两个瓶盖和一个软木塞粘在一起，然后在瓶盖上缠胶带，再把绳子绕在上面。制作5个这样的火箭推进器，粘在大型纸筒的底座上。

5 安装火箭：将小型纸筒底座的软木塞插入中型纸筒，再将中型纸筒底座的软木塞插入大型纸筒。涂上颜料，装饰一番吧！

术语表

超新星
已经爆炸的恒星。当古老又巨大的恒星耗尽核燃料并向内坍缩时，就会产生超新星。

地球同步轨道
人造卫星在地球赤道上空某一点围绕地球运行的轨道。因为卫星绕地球运行周期与地球自转同步，卫星与地球之间处于相对静止的状态。

多级火箭
具有一个以上火箭发动机的火箭。发动机一个接一个，最低的发动机先点火，其他发动机依次点火。

光谱学
科学家对光进行分析的学问。天文学家通过观察和分析光来了解更多太空物质，比如恒星。

轨道
自然物或人造物在空间中围绕行星或其他天体运行的路径。

行星际空间
太阳系内的空间。

恒星际空间
太阳系之外的空间。

类星体
遥远太空中的星系。它们发出强烈的可见光和强烈的无线电信号。

脉冲星
属于中子星，能够有规律地发射无线电信号。

射电望远镜
从太空收集无线电信号的装置。大多数射电望远镜都有一个抛物面天线，它可以向太空的任何方向转动。

摄谱仪
用于将光（通常来自恒星）分解成光谱的仪器。

太空舱
美国早期的宇宙飞船中配置的小型加压舱。

探测器
用于无人驾驶的太空飞行。它执行的任务是发现卫星、行星和太阳系中其他天体的真相。

星系
恒星、尘埃和气体在引力作用下聚集在一起的系统。

月球车
人类设计用于在月球表面行驶的交通工具。

轴
穿过物体中心的一条假想直线。旋转的物体，比如地球，绕着它的轴旋转。

画圆形轨道

1 你可以用圆规或铅笔和一根绳子画一个完美的圆。

2 把一截绳子的一端系在铅笔上。把绳子的另一端打结，并用图钉固定在画板表面，或用手摁住。

3 确保图钉或手摁住不动，然后慢慢地把铅笔绕着这一端移动，这一过程中绳子要始终绷紧。一个圆形轨道就画成啦！

画椭圆轨道

大多数卫星绕地球运行的轨道并不是一个完美的圆，而是一个被称为椭圆的扁平或被挤压的圆。

1 将一张纸放在画板上，然后在上面相距约10厘米固定两枚图钉。

2 把一根大约16厘米长的绳子围成一个圈绕在图钉上。

3 把一支铅笔放在绳子里，把绳子绷紧，绕图钉慢慢移动。你已经画出一个椭圆啦！

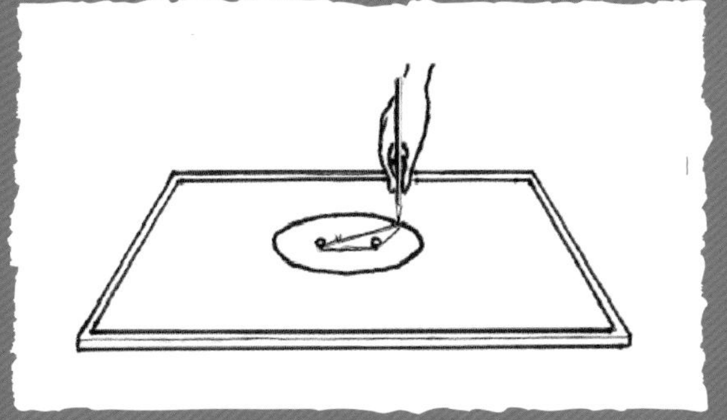

版权贸易合同登记号　图字：01-2020-7049

图书在版编目（CIP）数据

给儿童的物理提升书 /（英）费利西娅·劳（Felicia Law），（英）格里·贝利（Gerry Bailey）著；（英）迈克·菲利普斯（Mike Phillips）绘；陶尚芸译. --北京：电子工业出版社，2021.6
ISBN 978-7-121-40956-1

Ⅰ. ①给…　Ⅱ. ①费…　②格…　③迈…　④陶…　Ⅲ. ①物理学－少儿读物　Ⅳ. ①O4-49

中国版本图书馆CIP数据核字（2021）第063942号

责任编辑：刘香玉
印　　刷：天津画中画印刷有限公司
装　　订：天津画中画印刷有限公司
出版发行：电子工业出版社
　　　　　北京市海淀区万寿路173信箱　邮编：100036
开　　本：787×1092　1/12　印张：11　　字数：161.4千字
版　　次：2021年6月第1版
印　　次：2021年6月第1次印刷
定　　价：99.00元

凡所购买电子工业出版社图书有缺损问题，请向购买书店调换。若书店售缺，请与本社发行部联系，联系及邮购电话：（010）88254888，88258888。

质量投诉请发邮件至zlts@phei.com.cn，盗版侵权举报请发邮件至dbqq@phei.com.cn。

本书咨询联系方式：（010）88254161转1826，lxy@phei.com.cn。